著：湯浅晃・長谷川美夏・片岡紘平　株式会社NTTデータグループ
監修：渡邉淳司　日本電信電話株式会社（NTT）

〈わたし〉のウェルビーイングを支援するITサービスのつくりかた

IT企業の実践とユースケースから

SUPPORTING WELL-BEING
HOW TO CREATE IT SERVICE

NTT出版

はじめに

こんなITサービスがあったら、あなたは使いたいと思うでしょうか？

心身の健康維持に役立つAIサービス

AIが健康的な生活習慣をサポートするサービスです。食事のカロリーや栄養素をチェックし、自分が望むバランスや好みに合わせた健康的な食事をおすすめします。

「自分にとっての幸せ」の発見に役立つAIサービス

「自分にとっての幸せ」に気づくためのサポートとして、AIがあなたに分析や提案などを行うサービスです。「自然の中でリフレッシュすることが幸せだ」、「気の合う仲間や家族とすごす時間が幸せだ」など、「自分にとっての幸せ」に気づき、毎日を活き活きとすごせるようになります。

悪化した心身の健康状態からの回復に役立つAIサービス

AIがあなたの心身の回復をサポートします。メンタルが深く落ち込み、自分自身の力では回復が難しい状態になってしまったときに役立ちます。例えば、AIがパーソナルコーチとしてあなたを支えたり、親身になってくれる相談相手やコミュニティを探してくれたりします。

このようなAIサービスを受け入れられるかどうかについて、インターネットリサーチを実施して人々に問いかけてみたところ、次のような回答結果が得られました。

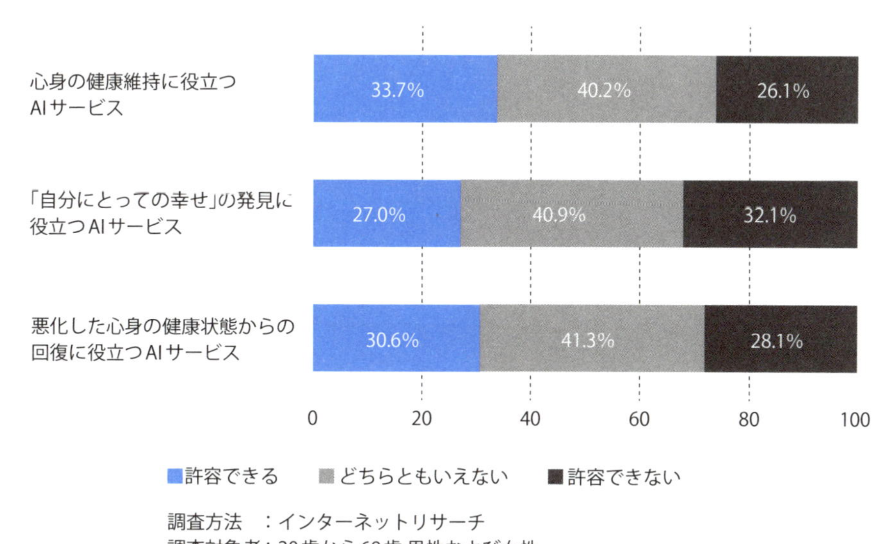

すべてのサービスについて、約4割の回答者が「どちらともいえない」と答え、受け入れられるかどうか判断できない状態です。「許容できる」と回答した人の割合は多くても3割強にとどまっています。特に「幸せの発見」や「悪化した心身の健康状態からの回復」といった本人の内面やメンタルに踏み込むサービスは、許容できる割合が低い傾向にあります。

この数字をみて、あなたはどう思われましたか。許容できると答えた人の割合が少ないと感じましたか？　それとも、思っていたより多かったでしょうか。

これらの3つのサービスは、いずれも本書で扱う「ウェルビーイングを支援するサービス」の一例です。ウェルビーイングとは、一言でいえばその人にとって「よいあり方」や「よい状態」を意味する概念ですが、この結果からわかるのは、このようなサービスは、まだ世の中で十分に受け入れられていないようだ、ということです。

自由記述の回答からは、以下のようなネガティブな印象がうかがえました。

- 個人情報漏洩のリスクを感じる
- AIの判断に依存してしまいそう
- 個人を特定できないとはいえ、AIに管理されている感じがする
- 内面に踏み込んでくるのは余計なお世話

……などなどです。

本書の目的

このような現状にたいして、私たちＩＴサービスに関わる者は、どのように人々のウェルビーイングを考え、サービスを開発していけばよいでしょうか。

生活者のウェルビーイング向上を目的としたITサービスを具体的なシステムの要件に落とし込むには、以下のような様々な検討が必要となります。

- ウェルビーイングとはそもそも何か
- ウェルビーイングの支援方法にはどのようなものがあるか
- AIなどの技術が適用できるのはどの部分か
- 倫理的に考慮すべきことは何か
- 効果測定にはどのような指標を用いるのか

本書は、このような現場における問いを検討する土台として活用できる内容をめざしました。

本書の位置づけと想定読者

世の中には既に様々なウェルビーイング関連書籍が存在しますが、本書の特徴は「パーソナルな個人（わたし）に焦点を当てたウェルビーイング支援プロセスと、ITサービスへの落とし込み」に特化している点です。そのため、広く一般に向けた内容というよりは、生活者のウェルビーイング向上を目的としたサービス開発を検討する立場の方に向けた内容になっています。

本書の構成

本書は、2つのパートから構成されています。

第1部「ウェルビーイングを支援するための考えかた」
本書の重要なポイントをできるだけ平易な表現で述べています。生活者のウェルビーイング支援を目的としたプロジェクトの関係者間での検討や、お客様説明のような場面での活用を想定し、使いやすいよう情報を整理しています。

第2部「ウェルビーイングを支援する技術と実践」
ウェルビーイングを支援する具体的な技術の詳細と、ユースケースに関するAIエンジニア向けの内容となっています。

本書がITサービス開発に関わる方々に広く読まれ、生活者一人ひとりのウェルビーイング向上につながる世の中の仕組みづくりに役立つことができたら、望外の喜びです。

2024年8月

著者 湯浅晃　長谷川美夏　片岡紘平
監修 渡邊淳司

もくじ

第1部

ウェルビーイングを支援するための考えかた

1-1
ウェルビーイングとは何か？そして、そのITサービスとの関わりとは？

What is individual well-being, and what is its relationship with IT service?

1 なぜウェルビーイングに取り組むべきか

いま、なぜ企業がウェルビーイングというテーマに取り組むのでしょうか。その重要性は、「国内外の社会動向」「企業価値と経営戦略」「組織マネジメント」「生活者の価値観」の視点から理解することができます。

国内外の新しい社会潮流　Good health and Well-being

国際社会の大潮流、SDGsではGoal3「Good health and Well-being」として取りあげられています。また、日本政府の社会構想「Society 5.0」でも「国民一人ひとりがウェルビーイングを達成できる社会」がうたわれ、第6期科学技術・イノベーション基本計画の中でも中心的な話題として扱われています。また、国内の状況に目を向けると、日本は世界1位の超高齢化社会です。内閣府が発表した令和4年（2022年）版高齢社会白書によると、日本における65歳以上の人口は現在3,621万人余りで総人口の28.9%を占めています。喫緊の社会課題として、医療・社会保障費の問題、労働人口の減少による経済成長の低迷、社会的孤立などによる高齢者のQOL低下が生じており、現在、誰もが健康に活き活きと、ウェルビーイングに生活していける社会の仕組みづくりが求められています。

企業価値の視点からは、「ESG」（Environment、Social、Governance：環境・社会・企業統治）に配慮する投資が重要視されるようになりました。特に、「Social」では、ダイバーシティやワーク・ライフ・バランスなど、人々がウェルビーイングに働ける労働環境の重要性が示されています。企業価値の算定や投資対象の評価にも、ウェルビーイング関連の基準が用いられるようになったのです。また、企業の経営戦略からも、ウェルビーイングの関連市場は大きく試算されており、今後、大きな成長が見込まれています。特に、人間の身体的・心理的な状態を測定するセンサ技術や、高度な自然言語処理技術の発展はめざましく、ウェルビーイングを支援するためのサービスやプロダクトへの利用が期待されています。

組織マネジメントの視点でも、優秀な人材の確保、価値観や働き方の多様化、人的資本情報開示の義務化など、従業員のウェルビーイングに配慮した取り組みが進んでいます。そして、ウェルビーイングに働く従業員は、結果として、労働生産性も高くなることが知られています。また、持続的な組織を実現するうえでも、組織のメンバー同士が、相互の価値観やウェルビーイングを尊重することで、未知なる課題に対しても力を合わせて取り組むことができます。

生活者の価値観の変化、経済的価値から内在的価値へ

また、近年は、明示的にウェルビーイングという言葉を使わなかったとしても、一人ひとりの生活者が、ウェルビーイングについて考える必要を実感しているように見えます。人口が増加する社会では、経済が成長し、その成長を多くの人が享受でき、お金というひとつの基準で豊かになることができました。しかし、日本は2000年代前半をピークに人口が急激に減少しています。多くの人は、経済が縮小していく社会の中で、「経済以外のもの」にも価値を見出したり、何が豊かさなのかを見直す必要を感じています。お金という単一の物差しで測られた「経済的価値」を重視する価値観だけでなく、その人の存在自体や内的な状態を大事にする「内在的価値」の価値観が同時に重要視されつつあるということです。

このように、現在、社会の動向、企業の経営戦略、組織としてのあり方、生活者の価値観といった様々な視点からウェルビーイングの重要性が指摘されています。そもそも、企業の存在目的は、サービスを通して利益を得るだけでなく、社会にウェルビーイングを実現することです。それが企業自体の価値を上げ、企業に関連する人々の人生も豊かにします。特に、本書では、これらの視点のうち、企業がITサービスを通して、どのように人々のウェルビーイングを支援できるのか、第1部では、そのための考え方について、第2部ではその技術と実践について述べます。

2 ウェルビーイングとは何か

ウェルビーイング（Wellbeing／Well-being）とは、「well＝よい・よく」と「being＝存在・あり方」が組み合わされた言葉で、「その人としての“よく生きるあり方”や“よい状態”」を意味します。

わたし・ひとびと・わたしたち：3つの視点

ウェルビーイングは、「わたし・ひとびと・わたしたち」という3つの視点から考えることができます。

例えば、ある人が「あなたは、自分の人生にどのくらい満足していますか？」という問いに「10段階で6点」と答えた場合、この点数はその人の「個人（わたし）のウェルビーイング」に関する主観的な評価値となります。もちろん、アンケートなどによる主観的な評価値以外にも、表情や心拍などセンサデータによって測定する試みもあります。また、「わたし」のウェルビーイングをどのように評価するかは、人それぞれ異なりますし、その基準は、同じ人の中でもライフステージによって変化していきます。

一方、集団に属する個人のウェルビーイングを測定し、それらを平均するなど統計的に処理したものは、「集団（ひとびと）のウェルビーイング」となります。このときの集団の単位を国とすれば、国のウェルビーイングとなりますし、集団の単位を自治体とすれば自治体のウェルビーイングとなります。

さらに、働く場やチームスポーツなど、個人同士や、個人と集団が、相互に影響を与え合い、グループとして実現されるウェルビーイングを、「わたしたちのウェルビーイング」と呼びます。

本書では、これらの3つのスケールの中で「個人（わたし）のウェルビーイング」に着目し、その実現を企業がどのように支援することができるのか、「個人（わたし）のウェルビーイング」実現に向けたITサービスのつくり方に焦点を当てます。

本書におけるウェルビーイングの定義

その人としての「よく生きるあり方」や「よい状態」

本書におけるウェルビーイングのスケール

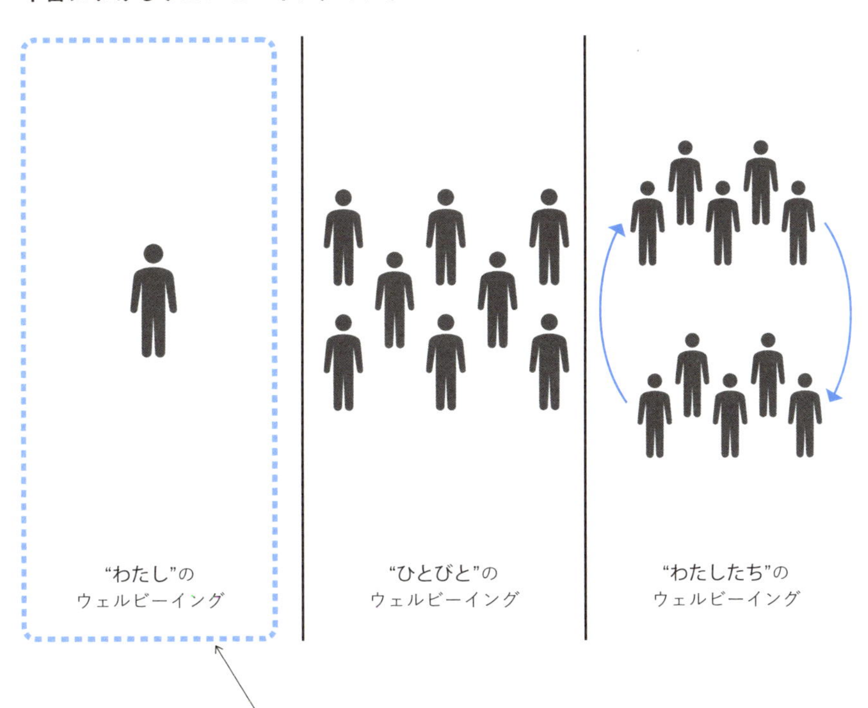

本書では、個人（“わたし”）のウェルビーイングに焦点を当て、
個人のウェルビーイングを支援するための考え方を説明します。

図表1.1.1　本書におけるウェルビーイングの捉え方

『ウェルビーイングのつくりかた』渡邊淳司／ドミニク・チェン（ビー・エヌ・エヌ、2023）を参照

3 個人のウェルビーイングの捉えかた

ウェルビーイングの実現を支援するには､それがどのようにつくられ､どのように評価されるのか、その考え方や方法を知る必要があります。

ウェルビーイングのモデル

個人のウェルビーイングの考え方を一般化したモデルを図表1.1.2に紹介します。まず､図表の下部にあるように、ある心理特性を持つ人が、ある環境で活動することで、その人のその時その場所での、心身のあり方が生じると考えます。ここで個人の「心理特性」とは、「楽観的／悲観的なものの見方をする」「○○を大切にする」といった性格傾向や価値観をさします。「環境」とは、学校や会社、家など、その人が活動する場やその性質をさします。収入や家族構成、友人の数もその人の環境と言えるでしょう。

心身のあり方は、心理特性と環境の相互作用によって決まります。例えば、同じ楽観的な性格傾向を持つ人でも、チャレンジを大事にする職場で働くのか、失敗を避ける職場で働くのか、どんな環境に置かれるかで、満たされた気持ちで活き活きと働くのか、不安を感じながら働くのかは、変わってくるでしょう。そして、この心身のあり方（状態や働き）を評価したものが、その人の個人のウェルビーイングです。本書では、この個人のウェルビーイングに関する主観報告や客観データによる評価が、ITサービスによって、ある程度持続的に高まることをめざします。

具体的にサービス開発を行うためには、その人のウェルビーイングを向上させる要因を深く理解する必要があります。例えば、何かに熱中したり達成したりすること、もしくは人との関わりや自然とのつながりなど、その人がどのようなことに満足を感じるのかというウェルビーイングの心理的要因を知る必要があります。また、職業や住む場所など、その人がウェルビーイングに活動できる環境の要因を把握することも重要です。

また、図表1.1.2のモデルでは、評価からさらに心理特性へと矢印がありますが、これは自分自身のあり方を振り返ることが、その人の考え方に影響を与える動的（ダイナミック）なモデルだということです。つまり、自身を振り返り、その人にとってよい心身のあり方が実現されやすい考え方や価値観を身につけることを支援するのも重要だということです。

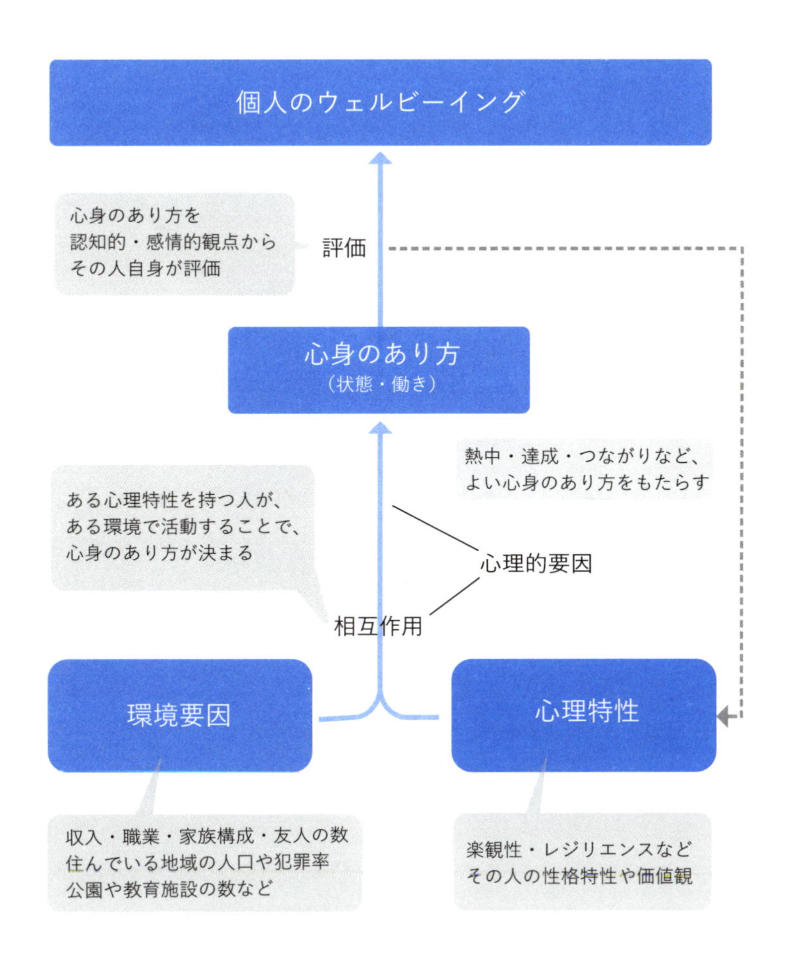

図表1.1.2　ウェルビーイングの動的モデル

European Social Survey 6 のモデル を参考に作図

4 ウェルビーイングの心理的要因

サービス開発において、ウェルビーイングを向上させる要因を理解することが重要ですが、その心理的要因は個人によってそれぞれ異なります。自身の成長を実感することでウェルビーイングが高まる人もいれば、感謝の言葉を伝えられたとき、社会貢献をしたときに高まるという人もいるでしょう。多くの人のウェルビーイングを向上させる代表的な心理的要因については、心理学の分野でいくつかの理論が提唱されています。ここでは、代表的な2つの理論を紹介します。

自己決定理論とポジティブ心理学

アメリカの心理学者エドワード・デシとリチャード・ライアンが提唱した「自己決定理論」では、「自分の意思で行う自律性」「自分に成し遂げる能力があると感じる有能感」「他者との関係性」の3つが重要であるとされています。

「ポジティブ心理学」の普及に大きな役割を担ったマーティン・セリグマンのPERMA理論では、「ポジティブ感情」「没頭する体験」「良好な人間関係」「人生の意味や意義を感じること」「達成感を得ること」の5つを重要な心理的要因としています。

これらの心理的要因は、いくつかの質問項目によって測定され、主観的ウェルビーイングの評価と関係性が深いことが確かめられています。

また、心理的要因は、自身との「関係性の範囲」(「I」：自分自身、「WE」：近しい特定の人との関わり、「SOCIETY」：より広い不特定多数の他者を含む社会との関わり、「UNIVERSE」：より大きな存在との関わり)から分類することもできます(図表1.1.3)。

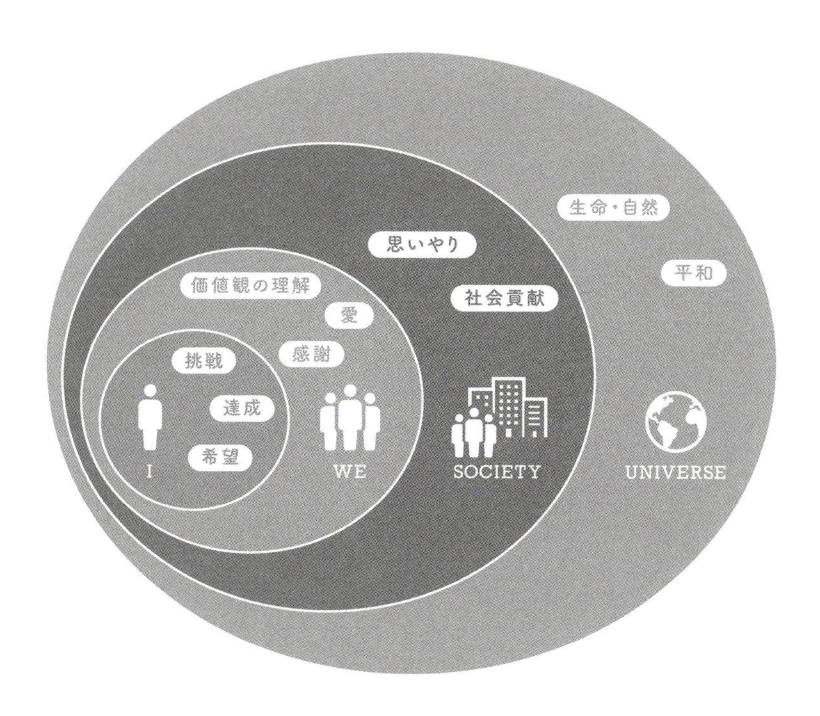

I　：自分個人の気持ちや行動
WE　：家族や友人など近しい特定の人との関わり
SOCIETY　：不特定多数の他者を含む社会との関わり
UNIVERSE　：自然や世界などより大きな存在とのつながり

図表1.1.3　ウェルビーイングの心理的要因と「関係性の範囲」による分類

『わたしたちのウェルビーイングカード』監修・渡邊淳司／編・日本電信電話株式会社（NTT出版、2024）

5 ウェルビーイングの測りかた

個人のウェルビーイングを数値として把握する方法には、どのようなものがあるでしょうか。個人のウェルビーイングを測る指標は、「主観指標」と「客観指標」に大きく分けられます（図表1.1.4）。

主観指標

主観指標とは、アンケートを用いて、ウェルビーイングの程度などを、その人自身が評価するものです。自身の「心身のあり方」を直接的に評価した「主観的ウェルビーイング（Subjective Well-being）」が主たる指標ですが、それ以外にも、その人が活動する「環境への満足度」を測る指標もあります。例えば、「自身の人生にどれほど満足していますか？」は、主観的ウェルビーイングを評価する質問です。「現在の職場にどれほど満足していますか？」という質問は、環境への満足度を測定する質問になります。

客観指標

一方、客観指標とは何らかのデータに基づく指標であり、誰が測定しても同じ結果が得られるものです。主観指標と同様に、「心身のあり方」に関する評価と、「環境」に対する評価が想定できます。例えば、センサなどで、表情や心拍、行動の客観データを計測し、主観的なウェルビーイングとの関連を探る研究も行われています。一方、環境に関する客観指標は、個人の収入や住居の大きさなどもあれば、その地域の平均寿命や犯罪率など、ある集団が共有しているものもあります。

このように、測り方の「方法」は「主観–客観」、測る「対象」は「その人の心身のあり方–環境」という形での組み合わせが考えられますが、基本的には「その人の心身のあり方」をその人自身が評価した「主観的ウェルビーイング」が中心的な測定対象となります。その主観的ウェルビーイングに対して周囲の環境がどのような影響を与えているかを主観・客観の指標を用いて評価したり、SNSなどでの楽観的な言葉の頻度や連続作業時間解といった計測しやすい客観的な指標と「心身のあり方」の対応づけを試みたりしています（図表1.1.4）。

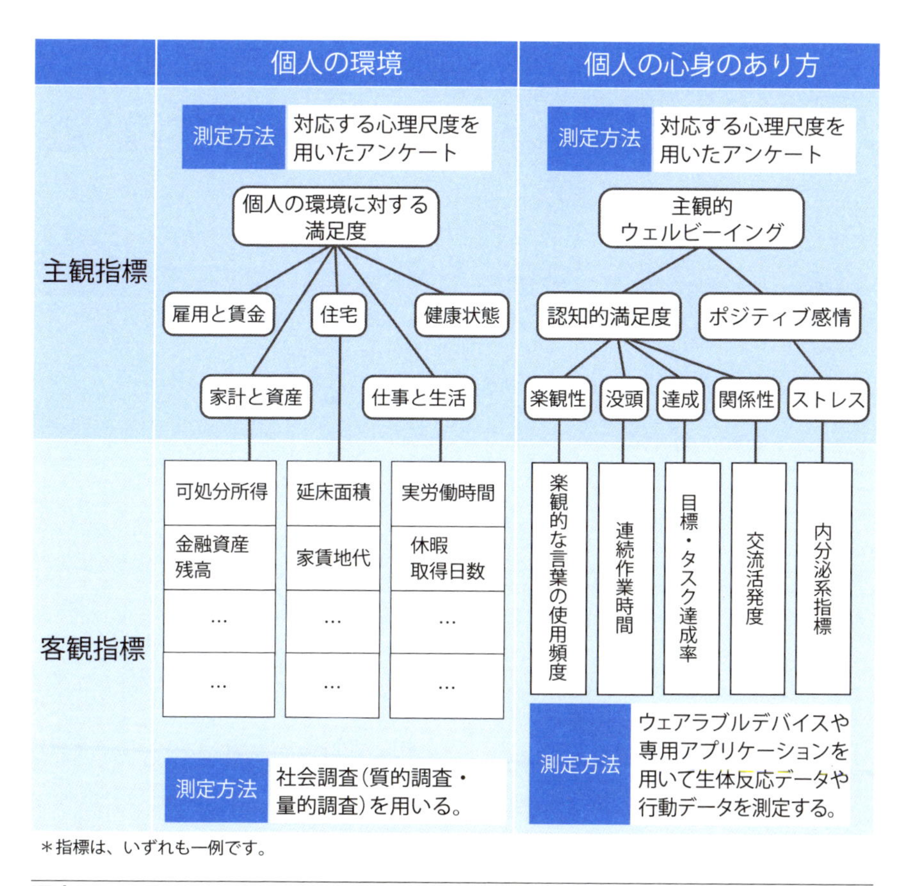

図表1.1.4　ウェルビーイングの測定方法と対象

6 主観的ウェルビーイング

心理学において、個人のウェルビーイングは、主に、自分の人生や生き方に対する満足度や心の状態に対する主観的な評価としてとらえられ、「主観的ウェルビーイング」と呼ばれます。ここでは、主観的ウェルビーイングを構成する2つの評価要素、「認知的要素」と「感情的要素」について見ていきます。

認知的要素

認知的要素とは、一定期間の自身の生活やあり方を振りかえり、包括的に評価するものです。例えば、「現在の自分の人生は、どの程度よい状態だと思いますか？」といった質問に対して、0点（最もわるい状態）から10点（最もよい状態）までのスケールで、本人が回答することで測定されます。人生全体に渡る評価だけでなく、最近1か月や1年、「学生時代」や「子育て期」というかたちで特定の期間を評価することもあります。

感情的要素

感情的要素とは、個人が特定の期間に経験したポジティブな感情やネガティブな感情の頻度や強度に関するものです。例えば「1週間のうちに楽しいことはどの程度ありましたか？」や「1か月のうちに不安を感じたことはどの程度ありましたか？」といった質問で測定されます。

このように、主観的ウェルビーイングは、自分の人生や生き方に対する包括的評価（認知的要素）と日々の自分の感情体験（感情的要素）に関する評価からなり、それらを総合して評価されます。

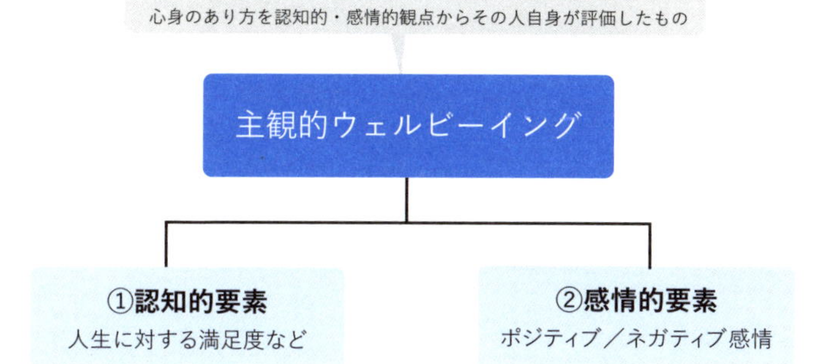

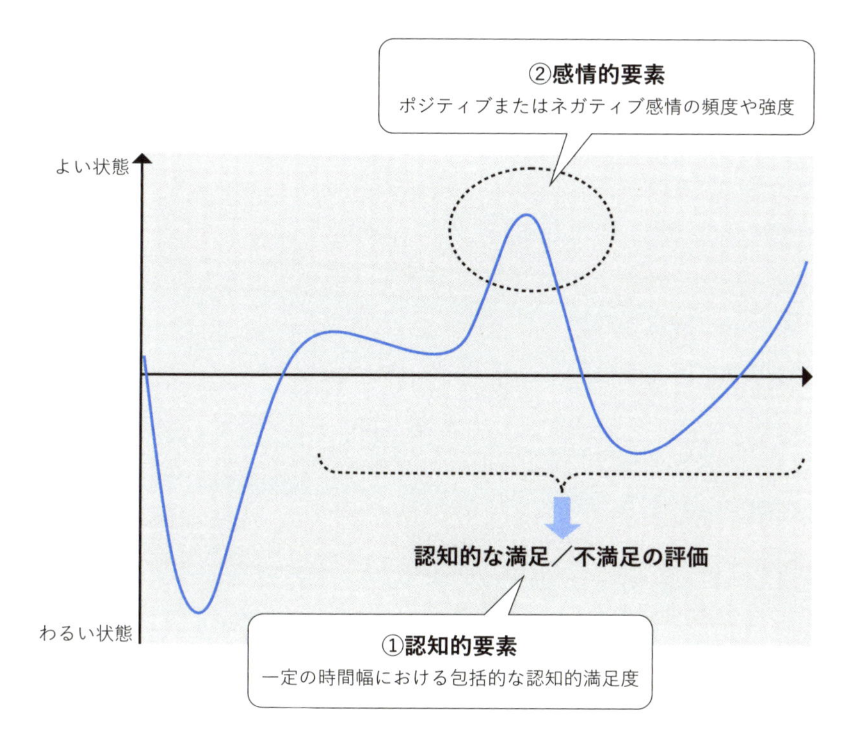

図表1.1.5　主観的ウェルビーイング測定における認知的要素と感情的要素

7 ウェルビーイングの環境要因とITサービス

個人のウェルビーイングを支援するサービスとは、ユーザがウェルビーイングに生きるための環境づくりを支援するものです。ユーザ（生活者）の環境は図表1.1.6のように、衣食住、学習、コミュニケーション、職場、地域社会、趣味・娯楽、金融など、様々な領域があり、現代社会では、これら殆どの領域でITサービスが活用されています。そのため、各領域でウェルビーイングを支援するITサービスを考えることができます。

ウェルビーイングを“目標”でなく、“あり方”ととらえる

実際に各領域でサービスをつくる際のポイントは、ウェルビーイングを達成すべき「目標」ではなく、「プロセス」ととらえるということです。例えば、「食」の領域でウェルビーイングを「目標」ととらえると、「ウェルビーイングのために何をどう食べるか？」といった議論になります。そうではなく「その人が、ウェルビーイングに食事を行うには？」という風に、ウェルビーイングを活動の「あり方」として副詞的にとらえるとどうでしょうか。そうすると、心理的要因に合わせて自分の好みや体調に合った料理（「I」）、友人や料理人との楽しい会話（「WE」）、食材や生産者への感謝（「SOCIETY」）、自然とのつながり（「UNIVERSE」）というように様々なサービスの形を考えることができます。さらに、「ウェルビーイングに働く」「ウェルビーイングに子育てをする」というように、どんな活動領域でもウェルビーイングという視点からサービスをつくることができます。

どこかに理想的なウェルビーイングが目標としてあると考えるのではなく、実際にユーザが生活する中で何がウェルビーイングをもたらすのかを発見したり対話したりすること、また、そのウェルビーイングの持続をITサービスによって支援することが重要となります。

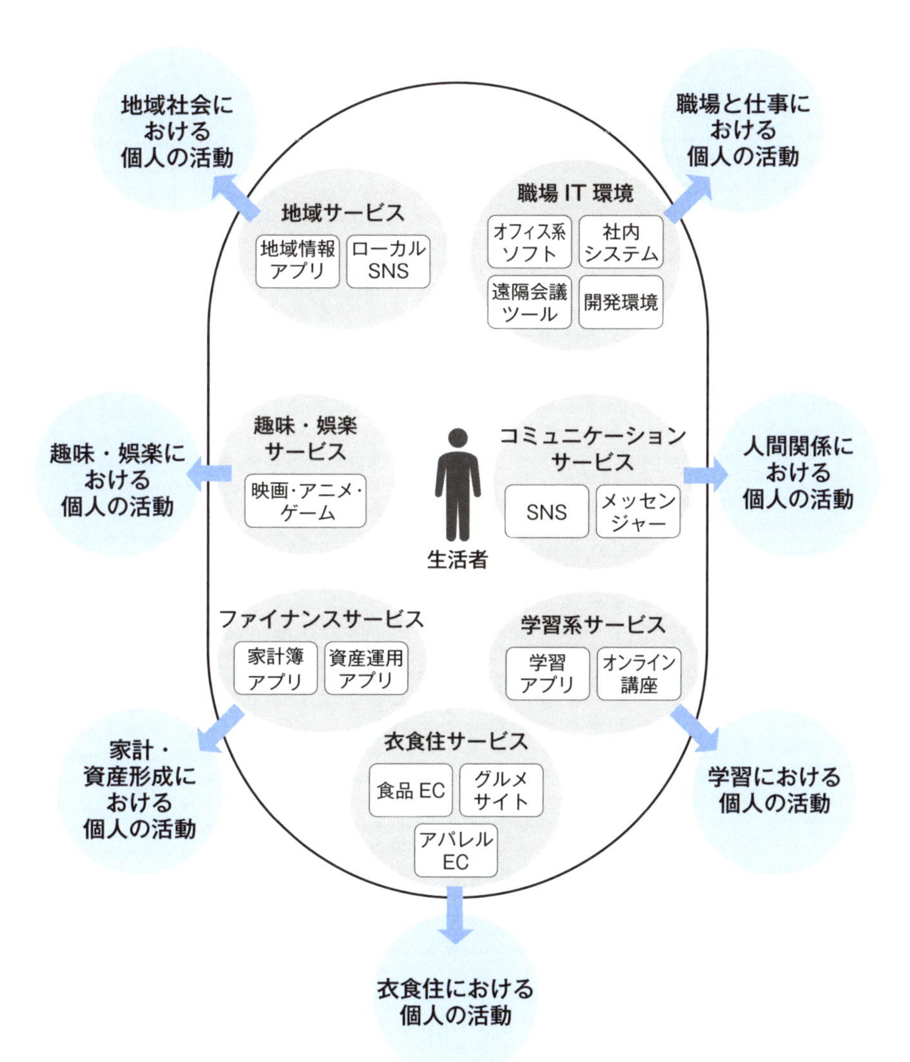

図表1.1.6　生活者（ユーザ）の活動領域とITサービス

1-2
どのように
ウェルビーイングを
支援することができるのか？

How can we support individual well-being?

1 ウェルビーイング支援モデルとは

ここからは、企業が個人のウェルビーイングを支援するサービスを開発し、ユーザに提供する方法論について述べます。ここでいう「ユーザ」とは、集団ではなく、サービス利用者である個人を想定しています。また、ここでいう「支援」とは、サービス提供者が想定した「あるべきウェルビーイング」を押しつけるのではなく、ユーザ自身が「固有のウェルビーイング」を発見し、持続できるよう手助けするものです。

ユーザ支援の3つのプロセス

筆者らが提唱するウェルビーイングの支援モデルを図表1.2.1に示します。このモデルは、①ユーザ理解、②ウェルビーイング支援提案、③提案の効果測定という3つのプロセスから構成されています。

はじめの①「ユーザ理解」は、支援の出発点で、ユーザ属性（「年齢・性別・職業・居住地」など）、ユーザ特性（「性格・価値観」など変化スパンが比較的長い心理特性）、ユーザ状態（「主観的ウェルビーイング」や感情、身体反応やなど比較的短い時間で変化する状態）を把握します。

次の②「ウェルビーイング支援提案」では、対象ユーザの状態やその変化履歴に応じて「持続支援」「発見支援」「回復支援」など、異なる性質の支援を提案します。

最後の③「提案の効果測定」では、支援提案によって対象ユーザの状態や特性がどのように変化したかを測定します。提案内容による快適さやストレスなどの状態の即時的な変化や、提案内容を継続することでもたらされる体験や行動の満足度や健康への影響などの継時的な変化を測定します。このような測定は、スマートフォンなどによって簡易に実施する必要があります。

また、このモデルは2つのループから構成されています。1つ目はウェルビーイングの「支援提案」と「提案の効果測定」を、短期的に繰り返すループです。これは支援提案の内容自体を検討するものです。もう1つは、「提案の効果測定」から「ユーザ理解」に戻る、比較的時間幅の長いループです。これは、支援開始から数ヵ月毎など一定の期間ごとに、ユーザの属性・特性・状態について再測定します。このとき、当初把握していたユーザ像が適切だったか、また変化が生じていないかを確認します。

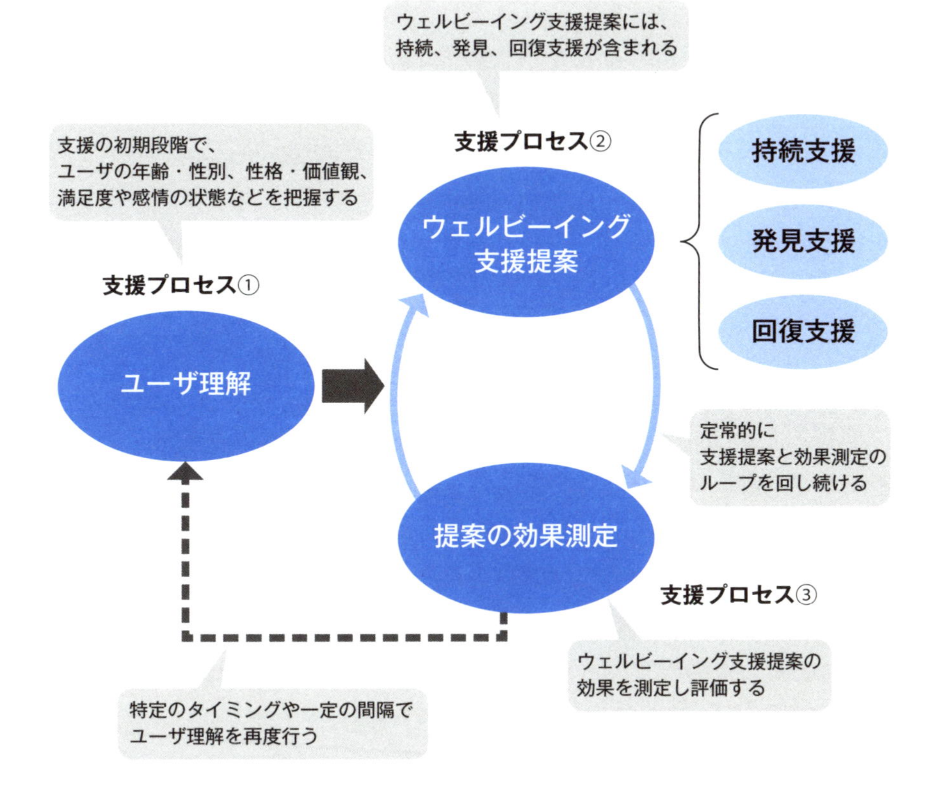

図表1.2.1　ウェルビーイング支援モデル

2 支援モデル　プロセス②支援提案
ユーザの状態に応じた支援

「ウェルビーイング支援モデル」のプロセス②「ウェルビーイングの支援提案」は、①「ユーザ理解」によって把握したユーザ状態に応じて、支援策を提案し、行動変容を促すプロセスです。本節では、異なる性質を持つ「持続支援」「発見支援」「回復支援」の3つの支援について、その意図するところを述べます。

人の心の状態遷移を考えると、図表1.2.2のように、よい状態（Positive）、よい状態からわるい状態への過渡期間（Negative Transition）、わるい状態（Negative）、わるい状態からよい状態への過渡期間（Positive Transition）の四つの状態があります。このとき、ウェルビーイングに関してどのような支援が必要になるかは異なります。

持続支援

ユーザがよい状態で活力があるときには、よい状態であることや、その要因をフィードバックすることで、その状態を継続するためのユーザのモチベーションを維持することが「持続支援」です。

発見支援

よい状態からわるい状態への遷移期間や、わるい状態からよい状態へ向けて行動をしようとするときには、自分が本来大事にしていたことを振り返ったり、ウェルビーイングの新しい可能性を見つける「発見支援」をすることで、再びよい状態に向けて活動することができるでしょう。

回復支援

心身が深刻な不調であるならば、回復支援（治療）が必要です。

このように、ユーザのウェルビーイングの実現を支援するサービスは、ユーザの属性や特性、さらには現在の状態だけでなく、どのような遷移を経て現在に至るのかを把握したうえで支援が行われる必要があります。

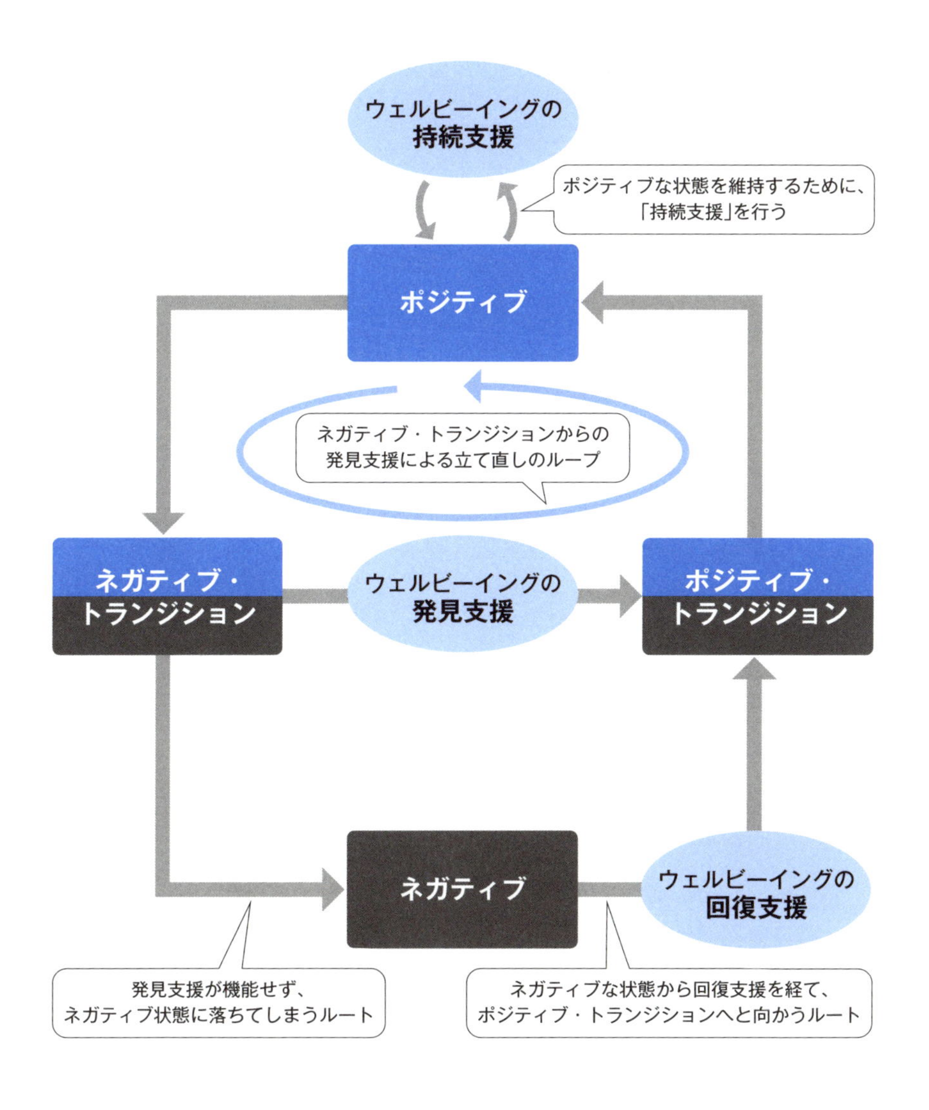

図表1.2.2　ウェルビーイングの状態遷移とそれに合わせた支援プロセス

3 支援モデル　プロセス②支援提案
技術的アプローチ

ウェルビーイング支援提案には、状態遷移の視点から持続・発見・回復の3つの支援があると述べましたが、それを実現する技術的アプローチも、関係者の範囲（個人・相互・集団）と、支援による作用（機能・対話・共感）の違いから、3つあると考えられます。

個人的・機能的アプローチ

ひとつめは、セルフトラッキングや専門家によるコーチング・カウンセリングなどにより、ユーザ自身が心身の状態を把握、調整することを重要視する、個人的で機能的なアプローチです。サービス内容としては、AIによる専門家の代替や相談先とのマッチングなどが考えられます。

相互的・対話的アプローチ

2つめは、人格のある相手とのコミュニケーションを通してユーザの認知や行動が変化することを重要視する相互的・対話的なアプローチです。サービス内容としては、AIチャットボットやパートナーロボットとの対話、VR/ARや五感伝送による「他者の擬似体験」などが考えられます。

集団的・共感的アプローチ

3つめは、相談や感情の共有、励まし合いができる場やコミュニティを持つことを重要視する集団的・共感的なアプローチです。サービス内容としては、ピアサポートやコミュニティ支援などが考えられます。

次節から持続・発見・回復の支援それぞれにおいて上記のアプローチがどのように実現されるのか、図表1.2.3の視点から見ていきます。

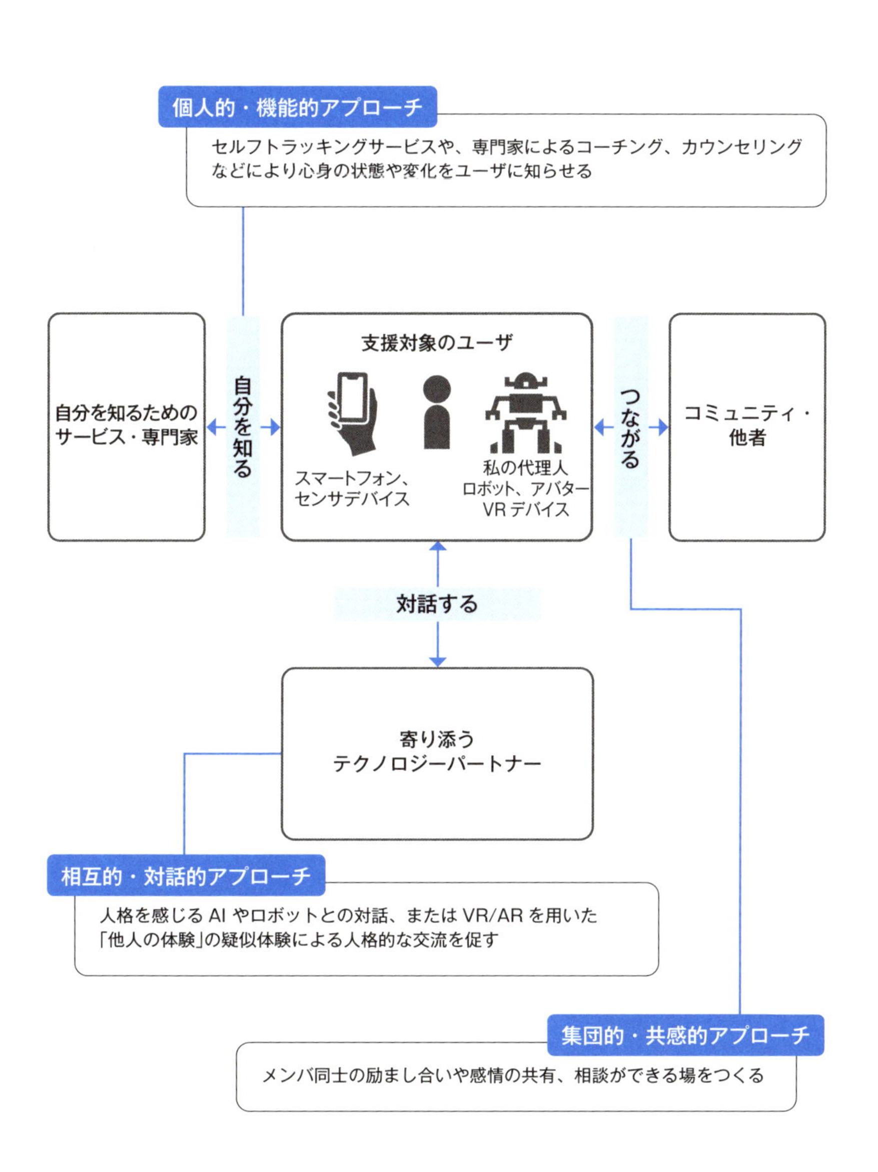

図表1.2.3　ウェルビーイングを支援する3つの技術的アプローチ

4 支援モデル　プロセス②支援提案 分類1：ウェルビーイングの持続支援

「持続支援」とは、個人がポジティブな状態にあるときに、その良好な状態を継続維持するための支援です。例えば、継続するうえで、行動をルーティン化するようなサービスを考えることもできますし、一方で、提案する行動にバリエーションをつけるなど、揺らぎを適切に調整することも必要になります。

持続支援：個人的・機能的アプローチ

具体的にはセルフトラッキングが挙げられます。例えば、食事管理アプリには、毎回の食事のカロリーや栄養バランスを確認できるものがあったり、運動管理アプリには、毎日の歩数を自動で記録しグラフで可視化するものなどがあり、行動を継続するモチベーションを持続させます。

持続支援：相互的・対話的アプローチ

チャットボットとの認知行動療法（CBT：Cognitive Behavioral Therapy）など、対話的に行動変容を促すアプリケーションも増えています。また、チャットボットを愛着の持てるロボットと組み合わせ、身体的触れ合いの効果も含めて持続支援することもできるでしょう。

持続支援：集団的・共感的アプローチ

ダイエットや勉強など、何らかの目標に向けたチャレンジを、コミュニティで応援し合うアプローチや、現在の感情をシェアし合うサービスなど、他者とのコミュニケーションからの共感や、あえて他者の前で宣言することによって行動の持続を動機づけます。

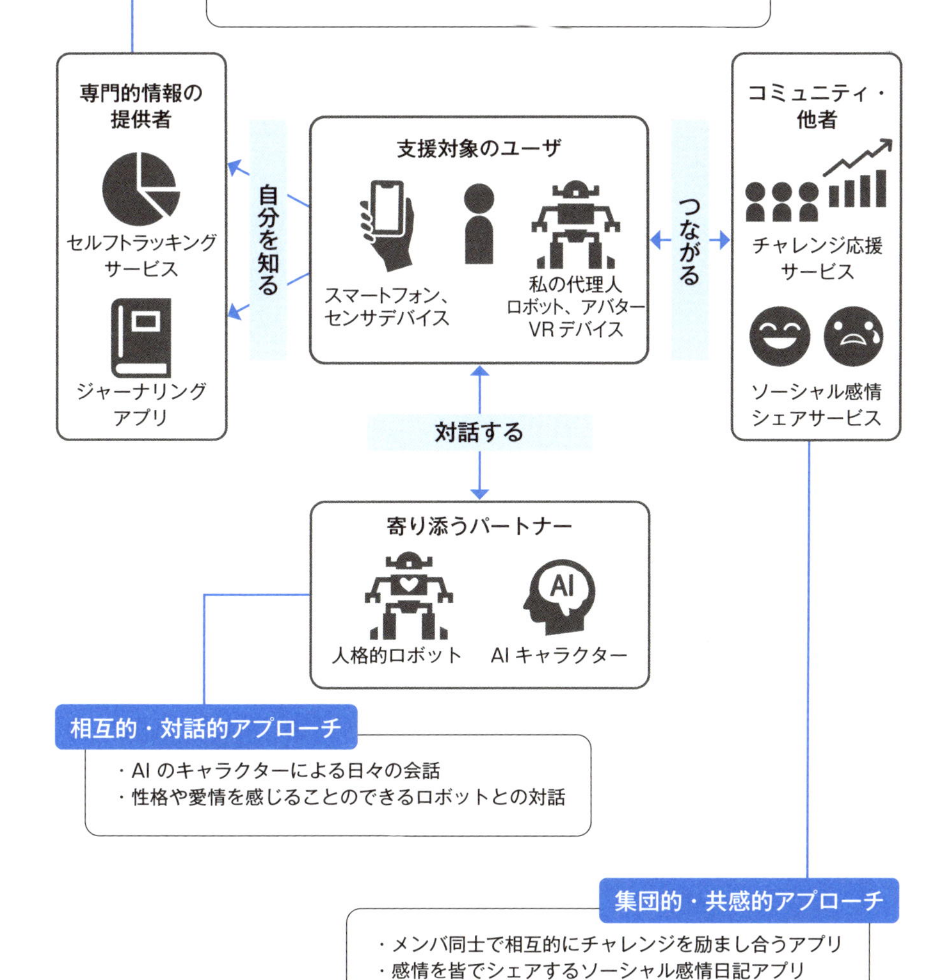

図表1.2.4　ウェルビーイングの持続支援

5 支援モデル　プロセス②支援提案
分類2：ウェルビーイングの発見支援

「発見支援」とは、よい状態からわるい状態への移行「ネガティブ・トランジション」、もしくは、わるい状態からよい状態へ向かう「ポジティブ・トランジション」の初期段階において、一度立ち止まり、自身の心理特性や環境を見つめ直し、立て直していくための支援です。人は自分自身についてすべて意識化できているわけではないため、気づかない疲労感や、生活や仕事への違和感などを発見支援により意識化します。

発見支援：個人的・機能的アプローチ

瞑想アプリやジャーナリングアプリを通じて、自己の心身の状態への気づきが得られます。また、自身の価値観や欲求、強みや弱みを発見するための専門家とのマッチングやワークショップへの参加を促すサービスも考えられます。

発見支援：相互的・対話的アプローチ

AIキャラクターとの対話のなかで新たな視点からの問いかけがなされたり、人間ではなくAIキャラクターだからこそ自己開示が促進されたりすることがあります。また、VR/ARデバイスを通じて「他者の視点」を体験することで、自身の新たな一面を発見する支援もできるでしょう。

発見支援：集団的・共感的アプローチ

自分が普段の生活では関わらない活動やコミュニティに参加することで発見を支援します。農業や子どもの世話などを手伝う代わりに、宿泊や食事を提供されるボランティアのマッチングサービス、旅先で現地の人々と一緒に食卓を囲むソーシャルダイニングサービスなどが登場しています。

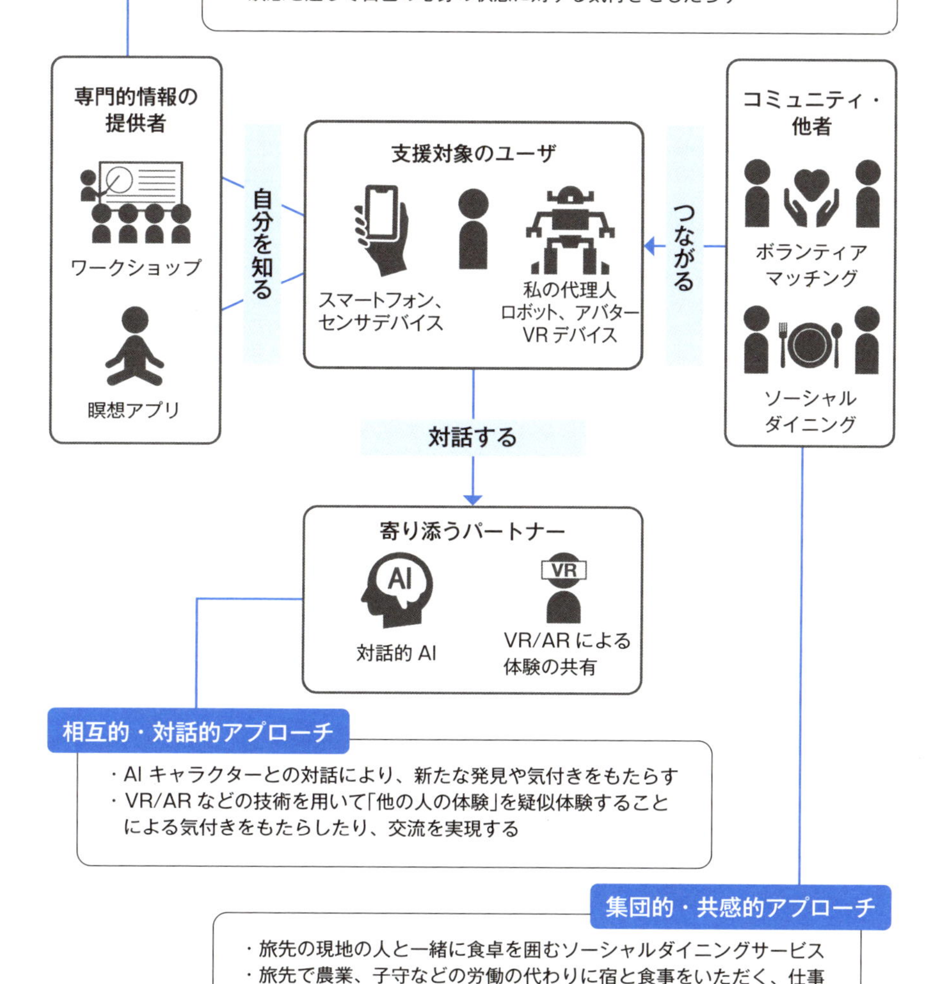

図表1.2.5　ウェルビーイングの発見支援

6 支援モデル　プロセス②支援提案
分類3：ウェルビーイングの回復支援

「回復支援」とは、一人の力では立ち直るのが困難なネガティブな状態に陥ってしまったときに必要となる支援です。自身で心身の状態を把握したり、改善のための適切な行動をとることができない、不安定かつ脆い状態のため、身近な人々だけでなく専門家との継続的な支援関係によりレジリエンスを回復する必要があります。回復支援は医学との関わりが深いため、必ず医学分野の専門家と協働する必要があります。

回復支援：個人的・機能的アプローチ

遠隔でのカウンセリングやデジタルセラピューティクス（DTx）、デジタル治療とも呼ばれる、専門家によるサービスがあります。また、予防的な側面として、モバイル型の簡易センサによって身体機能や認知機能の低下を検出し、予測するサービスもあります。

回復支援：相互的・対話的アプローチ

遠隔でも人格的なつながりをもとに、個々人に寄り添った親密な相談ができるメンタルヘルスの1on1サービスや、アニマルセラピーと呼ばれる動物を介在させた医療行為と同様の効果を発揮するセラピーロボットも開発されています。

回復支援：集団的・共感的アプローチ

いじめや孤独・孤立などの人間関係の問題や依存症など心身の問題を抱える人同士が親密な相談に応じたり、相互に支援を行う、オンラインコミュニティがあります。現在、同じ状態の人や過去に同じ経験をしたことのある人と活動し、心理的安全性が保たれた中で回復支援をします。

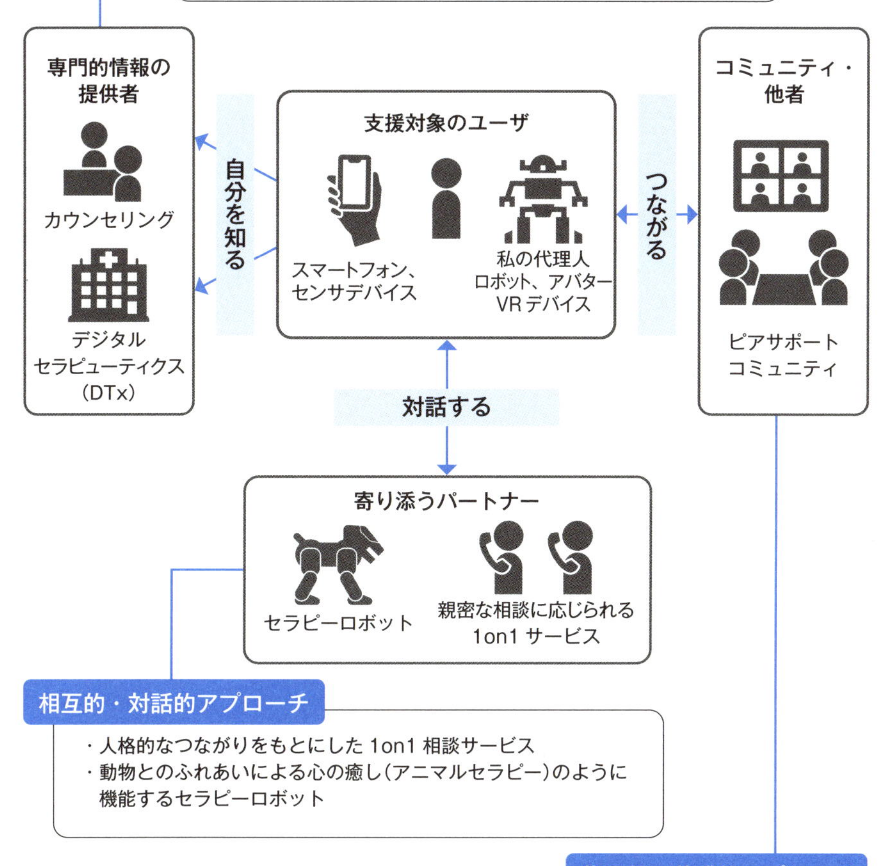

図表1.2.6　ウェルビーイングの回復支援

7 支援モデル　プロセス③提案の効果測定
即時的・継時的影響の測定

ここでは、支援モデルの③「提案の効果測定」において、どのような観点でユーザへの影響を検討すればよいかを述べます。重要なのは、ユーザがサービスを利用している瞬間に感じる体験における影響と、サービスを継続するなかでユーザの心理特性の変化を含めて生じる影響とを分けて考える必要があるという点です。この2つの影響をそれぞれ「①ITサービスの利用時における、即時的な影響」と、「②ITサービスを利用し続けることによる、継時的な影響」と呼び、図表1.2.7にその内容を説明しています。

ITサービスの利用時における、即時的な影響

即時的な影響とは、ITサービス利用時にユーザがその場でただちに感じる快適さやストレス、安心感などです。即時的な影響を検討するときには、ITサービスを構成するデバイス、コンテンツ、サービスの各レイヤのUI/UXを考慮する必要があります。例えば、ECサイトでは、「デバイス体験」では、スマホで商品を探す際の操作の快適さ、「コンテンツ体験」では商品に不快なものがないか、「サービス体験」では、納得感のある買い物ができたか、といった点を検証する必要があるでしょう。

ITサービスを利用し続けることによる、継時的な影響

継時的な影響とは、ITサービスの継続的な利用によって得られる満足や心理的要因の変化、心身の健康への影響等です。このとき重要なのは提案するサービスがどのような心理的要因の向上を狙ったものであるかという仮説を持ち、それに合わせた指標を用意することです。

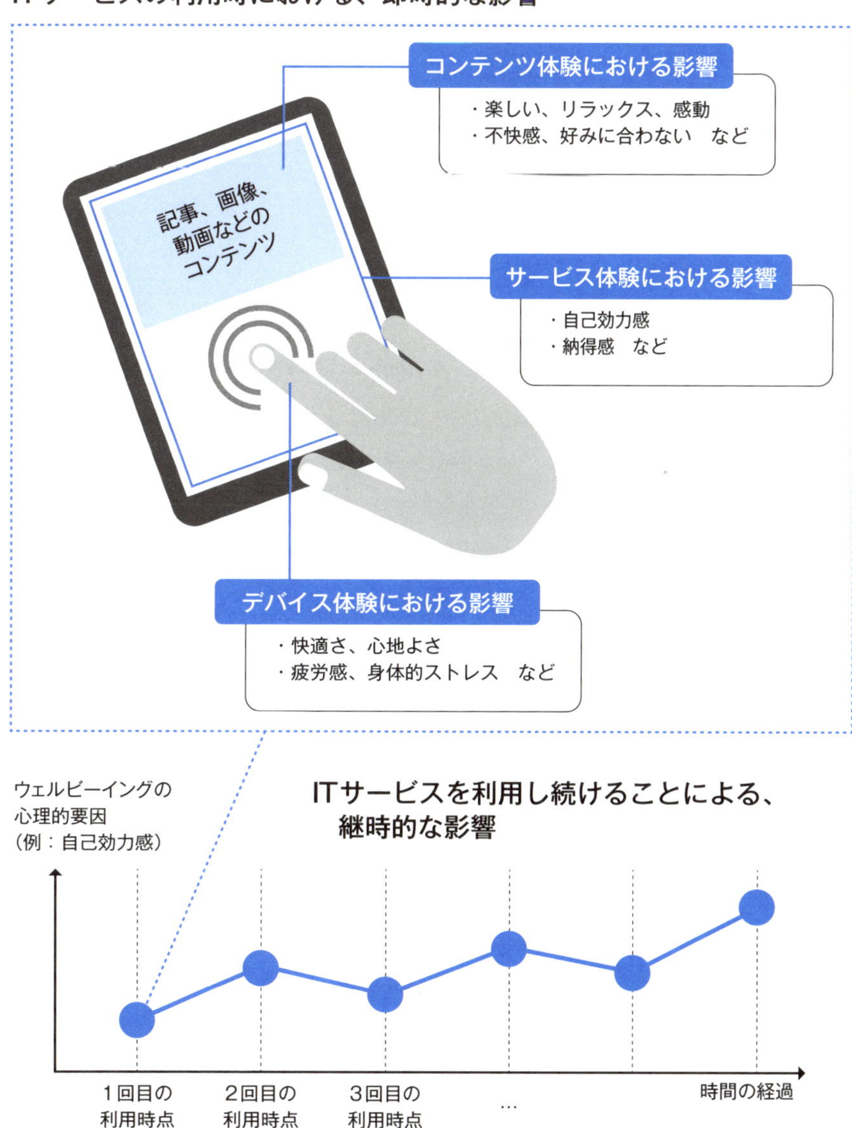

IT サービスの継時的な利用が、ウェルビーイングの心理的要因にどのように影響するか、検討する。例えば EC サイトにおいて、使うほどによい買い物ができるという自信を与え、自己効力感を向上させる仕組みになっているか検討する。

図表1.2.7　ITサービスの効果測定

1-3
倫理的に どのようなことを 考える必要があるか？

What are the ethical considerations?

1　ウェルビーイング支援において考慮すべき倫理的観点

ウェルビーイング支援を行うサービス提供者は、そのサービスに倫理的な問題がないかどうかを検討する必要があります。どのような観点から検討していけばよいでしょうか。

ウェルビーイング支援モデルは、「ユーザ理解」「ウェルビーイング支援提案」「効果の効果測定」という3つのプロセスから構成され、各ステップでユーザへの働きかけが行われます。このプロセス全体に共通する倫理規範としては、テクノロジーの提供と利用に関する倫理が挙げられます。例えば、AIの活用においては、安全性・尊厳と自律性の尊重・公平性・プライバシーの配慮・説明責任などの考慮が必要です。プロセスの各段階では、VRやメタバースなどのAIに限らない様々なテクノロジーも活用されますが、これらの提供と利用に際しても、それぞれのテクノロジーに応じた倫理を考慮する必要があります。

「ユーザ理解」と「効果測定」でのユーザに対する主な働きかけは、「パーソナルデータ」の取得と趣味嗜好・能力などの分析を行う「プロファイリング」です。「ユーザ理解」と「効果測定」では、このようなパーソナルデータの取り扱いとプロファイリングにおける倫理的配慮が求められます。「ウェルビーイング支援提案」では、レコメンドやアドバイスを通じて、ユーザの行動変容を促す働きかけを行います。ここで「ナッジ」と呼ばれる手法が用いられることがあります。ナッジ（nudge：そっと後押

＊1　環境省が事務局を務める「日本版ナッジ・ユニット」による定義に基づく。
https://www.env.go.jp/earth/ondanka/nudge/nudge_is.pdf

＊2　令和4年度のベストナッジ賞受賞者「タクシー駐停車マナー改善ナッジ：株式会社NTTデータ経営研究所の取組」より
https://www.env.go.jp/content/000103268.pdf

しする）とは、行動科学の知見の活用により、「人々が自分自身にとってよりよい選択を自発的に取れるように手助けする政策手法」のことです*1。例えば、タクシーの違法駐車を改善するために、目のイラストや「みんな見てますよ」の文言を載せた看板を設置する方法は、ナッジの1つです*2。ナッジを用いてユーザに意図的に介入するときは、人々が選択し意思決定するときの環境をデザインすることで、行動をもデザインすることになります。そこで倫理的な観点から、その介入方法が適切かどうかを検討する必要があります。

このように、ウェルビーイングを支援する各プロセスにおいて、働きかけが倫理的に適切かどうかを検証することが大切です。

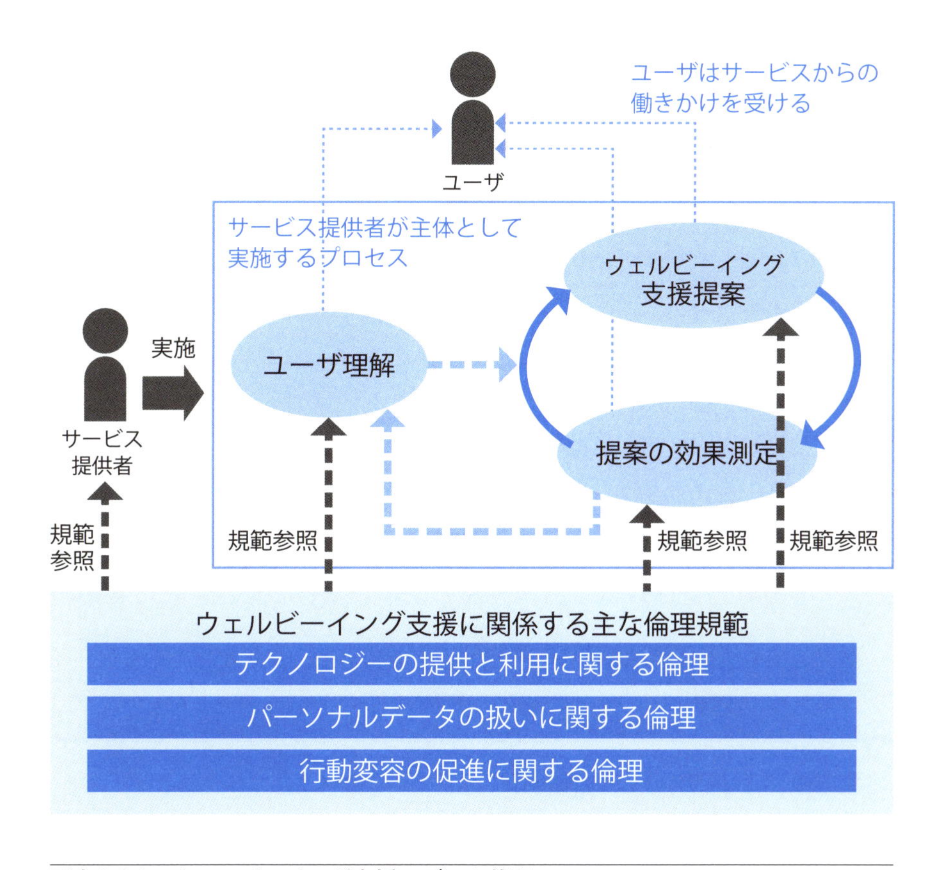

図表1.3.1　ウェルビーイング支援モデルと倫理

2 テクノロジーの提供と利用に関する倫理

ウェルビーイング支援サービスで用いられるテクノロジーは、AIやVR/AR、メタバースなど多岐に渡りますが、ここではAIを用いる場合の倫理規範をみてゆきます。

「AI利活用原則」

AIを利用した個人向けサービスが、ユーザの行動や内面に及ぼす影響を無視することはできません。例えば、食事や睡眠のデータに基づくパーソナルアシスタントは、自らの健康状態に関する認知を高め、日々の生活や行動に変化を促すものです。ユーザの好みに合わせた動画を次々に見せるレコメンドAIは、ユーザを没頭させ楽しみを提供する一方で、スマホ依存症のようなアディクションを引き起こすなど、ネガティブな影響も懸念されます。

AIを適切に取り扱うためのAI倫理指針に関して、2016年頃より国内外において多くの文書が公開されていますが、日本では2019年に総務省のAIネットワーク社会推進会議が「AI利活用原則」を整理しました(図表1.3.2)。

これは主に、AIの利活用や社会実装の促進を目的として、AIを利用して事業を行う者向けに、AIの利活用段階において留意することが期待される事項を「原則」(全10原則)という形式でまとめ、解説を記載したものです。法律によって強制するものではなく、ガイドラインとして適用を推奨する「ソフトロー」として書かれています。その内容は、AIを使って得られるユーザの利益を増やし、一方でリスクを減らしてAIやサービス提供者に対する信頼を醸成できるようにすべし、といったことが10の原則で述べられています。

チェック観点	概要
①適正利用の原則	利用者は、人間とAIシステムとの間及び利用者間における適切な役割分担のもと、適正な範囲及び方法でAIシステム又はAIサービスを利用するよう努める。
②適正学習の原則	利用者及びデータ提供者は、AIシステムの学習等に用いるデータの質に留意する。
③連携の原則	AIサービスプロバイダ、ビジネス利用者及びデータ提供者は、AIシステム又はAIサービス相互間の連携に留意する。また、利用者は、AIシステムがネットワーク化することによってリスクが惹起・増幅される可能性があることに留意する。
④安全の原則	利用者は、AIシステム又はAIサービスの利活用により、アクチュエータ等を通じて、利用者及び第三者の生命・身体・財産に危害を及ぼすことがないよう配慮する。
⑤セキュリティの原則	利用者及びデータ提供者は、AIシステム又はAIサービスのセキュリティに留意する。
⑥プライバシーの原則	利用者及びデータ提供者は、AIシステム又はAIサービスの利活用において、他者又は自己のプライバシーが侵害されないよう配慮する。
⑦尊厳・自律の原則	利用者は、AIシステム又はAIサービスの利活用において、人間の尊厳と個人の自律を尊重する。
⑧公平性の原則	AIサービスプロバイダ、ビジネス利用者及びデータ提供者は、AIシステム又はAIサービスの判断にバイアスが含まれる可能性があることに留意し、また、AIシステム又はAIサービスの判断によって個人及び集団が不当に差別されないよう配慮する。
⑨透明性の原則	AIサービスプロバイダ及びビジネス利用者は、AIシステム又はAIサービスの入出力等の検証可能性及び判断結果の説明可能性に留意する。
⑩アカウンタビリティの原則	利用者は、ステークホルダに対しアカウンタビリティを果たすよう努める。

出典：AIネットワーク社会推進会議（総務省）「AI利活用ガイドライン」（令和元年8月9日）
https://www.soumu.go.jp/main_content/000809595.pdf

図表1.3.2　AI倫理に基づくチェック観点　AI利活用原則

3 パーソナルデータに関して考慮すべき倫理

パーソナルデータには、個人の属性・行動データ・センサデータなどの個人に関係する広範囲なデータが含まれます。ウェルビーイング支援においてパーソナルデータを取り扱うことは、個人の属性や状態を把握したうえで支援を行うために不可欠です。

「パーソナルデータ分野に関するELSI検討」報告書

パーソナルデータの倫理的な取り扱いに関して、一般社団法人データ流通推進協議会が、『パーソナルデータ分野に関するELSI検討』報告書を2020年に発表しています[*3]。これは、パーソナルデータを扱う事業者が新たな事業開発をする際のガイドラインとなるもので、適正な事業開発のために必要な6つの基本要件と3つの行動原則が提示されています。6つの基本要件の概要は、以下の通りです。

① GDPR適用の可能性などのグローバルな目線の必要性
② 販売先や取引先などにおけるデータの扱いを考慮した責任あるビジネス、バリューチェーンの推進
③ 消費者の主体的な選択を可能にする設計、倫理的観点からの設計
④ 消費者への通知および同意
⑤ 消費者が差別を受けないようなフェアネス
⑥ 透明性と説明責任

＊3 一般社団法人データ流通推進協議会「パーソナルデータ分野に関するELSI検討」報告書 https://data-trading.org/wp-content/uploads/2020/04/Attach_DTA_ELSI_ArchitectureFinalReport-1.pdf

信頼性の確保のためにステークホルダに求められる3つの行動原則の概要としては、①業界全体で規範に対するインセンティブを高める設計として、共同規制や認定制度の創設などの取り組み、②認定制度構築に当たって国民の認知度を高め一定のブランド力を確保するような取り組み、③消費者団体やNPOといったマルチステークホルダとの「積極的」な対話と、事業者自身による新たな規範形成への参画などが示されています。これらは、パーソナルデータの扱いにおける基本的な方針として活用することができるでしょう。

プロファイリングの留意点

パーソナルデータと関連が深いものとして「プロファイリング」があります。プロファイリングとは、「パーソナルデータとアルゴリズムを用いて、特定個人の趣味嗜好、能力、信用力、知性、振る舞いなどを分析または予測すること」の意味です。例えば、ユーザごとに動画の閲覧履歴をもとに趣味嗜好を推定したうえでレコメンドを行う場合、ユーザに対して「プロファイリング」を行っているということになります。

プロファイリングの実施に際して、企業が法的・社会的責任を果たすための留意点を、有識者からなる「パーソナルデータ＋α研究会」が2022年に発表し、チェックリストにまとめています(p.43　図表1.3.3)。このようなチェックリストを用いてプロファイリングの方法に問題がないか検討することができます。

項目	内容
(1) 企画・設計段階	
(1-1) プロファイリング導入の適否判断	企画・設計の段階で、プロファイリングの導入により実現される価値・利益を明確に整理しておくこと
(1-2) プロファイリングの実施の有無・利用目的の明確化	どのようなプロファイリングを、どのような目的のために実施しているかを明確にすること
(1-3) エシックス・バイ・デザインの導入検討	法的・倫理的なリスクを抑制する設計を検討すること
(1-4) リスクベース・アプローチの検討	法的・倫理的なリスクに応じた体制・設計を検討すること
(1-5) ガバナンスの確立	個人情報の取扱いに関する責任の所在を明確化すること
(2) データの取得段階	
(2-1) データの適正な取得	プロファイリングのために使用するデータ(インプットデータ)を適正に取得すること
(2-2) データ取得時のユーザー・インターフェース等の工夫	データ主体の意思決定を実質的に支援するための工夫を行うこと
(2-3) データセットの偏向に関する配慮	データセットの偏りをチェックすること
(3) データの加工・分析・学習段階	
(3-1) 分析・評価段階におけるプライバシー侵害リスクの検討	プロファイリング(分析・評価)の可否について、プライバシー侵害リスクを検討すること
(3-2) 公平性に配慮した学習技術の導入検討	社会的公正や反差別に配慮した技術的対応の導入について、プロダクトの目的と照らし合わせて検討すること

項目		内容
	(3-3) アカウンタビリティ（答責性）に配慮したモデルの導入検討	答責性(accountability)、説明可能性(explainability)、解釈可能性(interpretability)、透明性(transparency)などに配慮し、プロファイリングに利用したインプットデータを特定しておくことや解釈可能なモデルの導入を検討すること
	(3-4) その他の社会的価値への配慮	公平性・答責性・透明性以外の社会的価値にも配慮すること
⑷ **実装・運用・評価段階**		
	(4-1) 人間関与原則の検討	プロファイリングを利用した評価プロセスに対する人間の関与を検討すること
	(4-2) 答責性への配慮	答責性に配慮すること
	(4-3) 安全管理措置の実施	プロファイリング結果(たとえば信用スコア)が個人に与える影響の重要性に鑑みて、その安全管理には細心の注意を払うべきである
	(4-4) データ内容の正確性の確保	データ内容の正確性を確保すること
	(4-5) 開示・訂正等の手続の整備	被評価者からの苦情処理手続を整備すること
	(4-6) プロファイリングに関するリテラシー向上	プロファイリング結果を直接取り扱う者(人事担当者等)が、適切にその結果と向き合い、同結果を評価できるための教育活動を行うこと
	(4-7) 被評価者等の反応の精査・検討	被評価者等の行動変容も視野に入れて検討すること
	(4-8) 信用スコアを第三者提供する手続の確認	信用スコアの第三者提供等について慎重な配慮をなすこと
	(4-9) 監査可能性への配慮	監査可能性(auditability)を確保すること

出典：パーソナルデータ+α研究会「プロファイリングに関する最終提言」(令和4年4月22日)
https://wp.shojihomu.co.jp/wp-content/uploads/2022/04/ef8280a7d908b3686f23842831dfa659.pdf

図表1.3.3　プロファイリングの実施に際して企業が法的・社会的責任を果たすための留意点（「自主的取組みに関するチェックリスト」）

4 行動インサイトの活用において考慮すべき倫理

ウェルビーイングを支援するサービスは、個人の行動や内面の変化を促すための手段としてレコメンドやアドバイス、または「ナッジ」などの手法を用いて個人に意図的に介入し、何らかの商品やサービスを提示することがあります。このような事業者が消費者に商品やサービスを提示する際には、景品表示法・健康増進法・薬機法・医師法などの法令遵守は当然として、さらに高い倫理性が求められます。

提唱者からの3つの原則

ここでは、行動変容のアプローチの1つである「ナッジ」を利用する場合に考慮すべき倫理について説明します。

「ナッジ」の提唱者の行動経済学者リチャード・セイラーは、ナッジの使用において従うべき3つの原則を挙げています(図表1.3.4)。セイラーは「よいナッジ」を推奨するとともに、賢い意思決定や社会的行動を難しくする「わるいナッジ」を「スラッジ (sludge ヘドロ、汚泥)」と名づけ、一掃するよう働きかけています。

1. すべてのナッジには透明性があり、誤解を招くものであってはなりません。
2. できるだけ簡単に、ナッジをオプトアウトできるようにする必要があります。できればマウスを1回クリックするだけですむようにします。
3. 奨励される行動が、ナッジを受ける人々の福祉を改善すると信じうる理由があるべきです。

Source: Thaler, Richard H, "The Power of Nudges, for Good and Bad," *The New York Times* 31 Oct. 2015
https://www.nytimes.com/2015/11/01/upshot/the-power-of-nudges-for-good-and-bad.html

図表1.3.4 リチャード・セイラーによるナッジの使用において従うべき3つの原則

日本版ナッジ・ユニット（事務局：環境省）は、2019年12月にその下部組織としてナッジ倫理委員会を設立し、ナッジの倫理的な活用に関するガイドラインを整理し、2020年3月には研究・調査時に参照すべきチェックリストを公表しています。ここでは、その「②社会実装編」より、「C.計画・遂行時に遵守すべき事項」を抜粋して図表1.3.5に示します。これらをよく考慮して、どんな手法を使ったサービスなのかをユーザに説明し、十分な理解を得たうえでサービスを提供する必要があります。

No.	チェック項目
C.計画・遂行時に遵守すべき事項	
8	社会実装の目的の妥当性
9	社会実装の手法の妥当性
10	社会実装の効果の事前確認
11	対象者の心身の安全
12	対象者の人権の尊重
13	対象者のプライバシーの保護
14	対象者の不利益の回避
15	個人情報の収集と保護
16	肖像権の保護
17	取組の説明
18	社会実装計画の中止・変更に伴う手続き
D.社会実装終了後に遵守すべき事項	
19	データの正確性の確保
20	社会実装で得られる情報の廃棄
21	社会実装の終了の説明
22	社会実装の結果の公表
23	社会実装の結果を公表する際の不適切な内容への対処

出典：日本版ナッジ・ユニット(BEST)「ナッジ等の行動インサイトの活用に関わる倫理チェックリスト
②社会実装編」(令和2年12月)　https://www.env.go.jp/content/000047411.pdf

図表1.3.5　ナッジ等の行動インサイトの活用に関わる倫理チェックリスト

Column

〈わたし〉のウェルビーイングを測ること、識ること

第1部のまとめ：〈わたし〉のウェルビーイングを支援する

第1部では、企業がITサービスを通して、どのようにユーザの〈わたし〉のウェルビーイングを支援できるのか、その考えかたについて述べてきました。第2部で具体的な技術とユースケースを見てゆくまえに、ITサービス以外の分野にも同様の考えかたが応用できることを、第1部の内容を振り返りながら、思考実験を通じて述べてみたいと思います。

第1部で見てきたように、〈わたし〉のウェルビーイングを支援するサービスは、性別や年齢、職業、居住地といった生物的・社会的属性だけでなく、感情や価値観などの心理的状態や特性に応じてサービスを提案します。通常は計測機器を使用してユーザの状態を計測しますが、近年はチャットボットを活用して、ユーザに提供してもよい情報だけを入力してもらい、プライバシーを保護しながら関係性を育めるようにもなりました。

サービスは取得した情報や推定した情報に基づいて「ウェルビーイング支援提案」を行いますが、ユーザの状態によって提案する施策が異なることを見てきました（p. 22）。ユーザがよい状態であれば、その継続を動機づける「持続支援」を、よい状態からわるい状態への過渡期であれば、自分の大事なことを見直す「発見支援」を提案します（回復支援は専門家の視点が必要なため、ここでは除きます）。そして、この時の「提案の効果測定」は「ユーザ理解」で得られたウェルビーイングの価値観に関する項目を含むものとなります。

例えば、ユーザのウェルビーイングにとって大事な価値観が「成長」や「挑

戦」であれば、ウェルビーイングの持続や発見に向けて、自分の状態をモニタリングしたり、新しい挑戦ができる環境を提案し、それを効果測定の指標に組み込みます。

また、「親密な関係」や「感謝」が大事なユーザであれば、身近な人と話すことで持続や発見ができる「相互的・対話的アプローチ」の施策を提案し、効果測定を行います。「社会の多様性」や「社会貢献」を大事にするユーザであれば、多様な人々が所属するコミュニティで感情の共有や励まし合いができる「集団的・共感的アプローチ」を提案し、効果測定を行います（p.24-31）。

このように、提案される施策がユーザのウェルビーイングの価値観とマッチしていることで、ユーザが自然に楽しめ、自ら継続できる、心理的障壁の低い提案が可能になります。

ウェルビーイングの価値観から考えるサービス

ウェルビーイングの価値観に基づくサービス提案のプロセスを、NTTで開発した「わたしたちのウェルビーイングカード」（以下、WBカード）を使って具体的に考えてみます。

WBカードは、ウェルビーイングを実現する様々な要因が書かれた32枚のカードで構成されています（p.49）。ユーザにカード一覧を示し、そこから自分のウェルビーイングの実現にとって大事な要因となるカードを複数枚選んでもらい、その理由を記してもらうという使いかたをします。これは、そのまま「ユーザ理解」のツールとして活用することができます。

ユーザに自分のウェルビーイングにとって重要な価値観をいきなりたずねても、言葉にするのはなかなか難しいでしょう。しかし、カードの一覧から選択することならできるのではないでしょうか。そして、「要因」を選んだ理由を記述してもらうことで、ユーザの単純なタイプ分けに陥らず、その人その人の個別のエピソードを知ることができます。もちろん、これはウェブアンケートとして電子的に行うこともできるでしょう。

さらに、WBカードに書かれた要因は「自分個人のこと（I）」「近しい特定の人との関わり（WE）」「より広い不特定多数の他者を含む社会との関わり

(SOCIETY)」「より大きな存在との関わり（UNIVERSE）」という4つのカテゴリに分かれています（p.11）。このカテゴリは、(I) は個人的･機能的アプローチ、(WE) は相互的・対話的アプローチ、(SOCIETY) は集団的・交流的アプローチに親和性があり、施策提案の参考にできると思います。

例えば、WBカードを使って個人的・機能的アプローチで持続支援を提案する場合、ユーザに毎日1枚ずつカードを選んでもらい、その日選んだカードを意識して1日をすごし、日記に記録するプランが考えられます。最終的に32種すべてのカードを選ぶルールを設定すれば、「1カ月はやってみよう」という意欲が湧き、1カ月後には自身に特化したウェルビーイング日記が完成します。

相互的・対話的アプローチで発見支援を行う場合は、親しい友人数人とグループを作り、WBカードでそれぞれが大事にしていることを共有しお互いの価値観を知るきっかけにするなどのプランが考えられます。お互いに相手が何を大事にしているのかを想像する、他己紹介的な活用もできるでしょう。

〈わたし〉を識る2つのアプローチ

このように、ユーザのウェルビーイングに関する価値観は、〈わたし〉のウェルビーイングを支援するサービスを実現するうえで有用な情報です。一方で、ユーザにとっては、心の機微に触れる極めてプライベートな「パーソナルデータ」であり、第1部第3章で述べたように、そのデータを扱う際には、透明性や倫理性に細心の注意を払う必要があります。過度にパーソナライズされたサービスは、ユーザに内心を覗かれているような不快感や不信感を与える可能性もあります。

ここで、ユーザの内面を「測る」ことに加えて、ユーザ自身が内面を認識するという意味で「識る」ことについて考えてみたいと思います。

自然言語処理の分野で用いられる「概念ベース構築法」という考えかたでは、例えば「りんご」という概念は「丸い」「赤い」「果物」のような属性の集合として表現されます。この考えかたを応用すると、「Aさん」という個人も「女」「30代」「重要な価値観：成長、親しい関係、社会貢献」といった属性や

「わたしたちのウェルビーイングカード」の使いかた
https://socialwellbeing.ilab.ntt.co.jp/tool_measure_wellbeingcard.html

NTTの研究所では、自身や周囲の人々のウェルビーイングに意識を向け、対話を促すツールとして「わたしたちのウェルビーイングカード」を作成した。（2024年1月現在32種）

『わたしたちのウェルビーイングカード』監修・渡邊淳司／編・日本電信電話株式会社（NTT出版、2024）

特性の集合として表現できます。そして、これらの属性や特性は、Aさんにとって重要なものもあれば、そうでもないものもあるというように「重要度」が異なります。この「重要な価値観」の組み合わせが同じBさんがいたとしても、それぞれの価値観の重要度のバランスはAさんとは異なるでしょう。つまり、概念や人格を、「重要度」が異なる属性や特性の集合と捉えることで、より詳細な表現が可能になるのです。

従来のマーケティングでは、多くの場合、サービス提供者側が、属性や特性のデータに基づいてユーザの「タイプ」を用意し、分類してきました（p.51上図）。ユーザも、自身を何らかの「タイプ」に分類されることで、共感しやすい人を見つけたり、居心地のよさを感じたりするでしょう。しかし、用意された「タイプ」にしっくりこない場合、そのユーザは居心地のわるさや孤独感を感じるかもしれません。

先ほどのWBカードの選択のプロセスでは、ユーザにとってのウェルビーイングに重要な価値観は、歳をとれば変わりますし、環境が変われば同じ日であっても異なることがあるはずです。つまり、人を固定的な「タイプ」として捉えるのではなく、価値観が変化しうる動的な存在として扱うことができます。選択されたカードは、その人がもつ多様な価値観と環境との相互作用のなかから、特性の一部が現れた（生成された）と考えられ、見えていない特性まで含めた集合体として人を捉えることができるでしょう。現れた特性のうち、他者と重なる部分を発見したり、データに現れない部分まで推し量り、他者との違いや自身の多様性を識る機会にもなるはずです（p.51下図）。

パーソナルデータを利用したサービスを考える際、サービス提供側がユーザに「タイプ分け」のフレームを示すのか、ユーザが自分自身を「生成的に識る」ための環境を作るのか、いずれのアプローチもとることができます。どちらが正しいということではなく、サービスの目的やユーザの状態に応じて柔軟に切り替え、バランスを取ることが重要です。ウェルビーイングを支援するうえで、2つのベクトルを意識しながら、その都度〈わたし〉を測り、識る方法を考えていけるとよいでしょう。

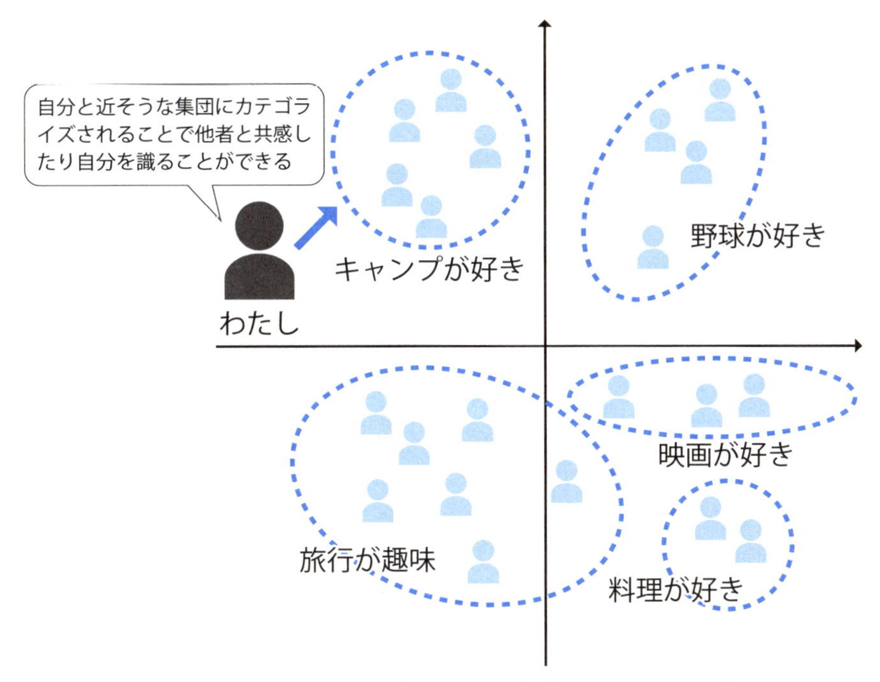

「わたし」が既存のカテゴリに属する場合：タイプ分けで識る

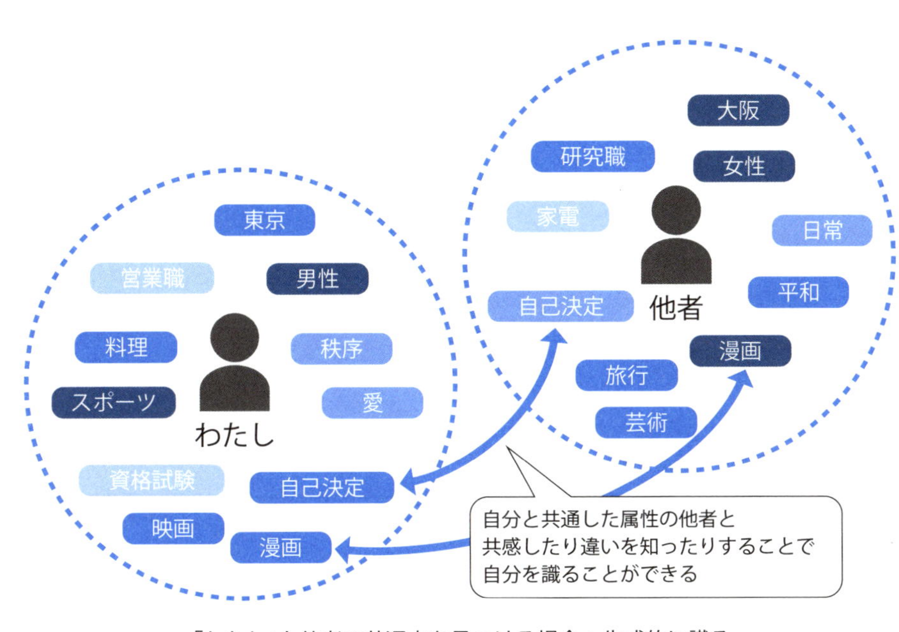

「わたし」と他者の共通点を見つける場合：生成的に識る

第2部

ウェルビーイングを支援する技術と実践

2-1
ウェルビーイングを支援するNTTデータのAI技術

AI Technologies for supporting well-being by NTT Data Inc.

1　ウェルビーイング支援とAI技術

情報通信技術の発展により人々の行動の選択肢が広がりましたが、ユーザの時間には限りがあり、サービス間でユーザの時間の奪い合いが起きています。ユーザを引きつける魅力的なサービスは、短期的には快楽を提供するものの、長期的にはユーザーのウェルビーイングを損なう可能性が指摘されています。スマホ依存症やゲーム課金による借金などは、既に社会問題にもなっています。

また、「健康のために週末はジョギングをしよう」と考えてはいたものの、いざ週末が来ると家でだらだらと過ごしてしまうといった経験をしたことがある人は少なくないのではないでしょうか。このような行動が一概にわるいわけではありませんが、本来は自身のウェルビーイングのために使えたはずの時間がうまく活用できなかった――そんな時、ウェルビーイング支援のサービスが役立つのではないでしょうか。

第1部で述べたウェルビーイング支援モデル（p.20）は、「ユーザ理解」「ウェルビーイング支援提案」「提案の効果測定」の3つのプロセスからなります。そして、NTTデータでは、この3つのプロセスに関連するAI技術として、「顧客理解AI」と「行動変容AI」の開発を進めています。

「顧客理解AI」は「ユーザ理解」のプロセスに対応し（図表2.1.1）、多様なユーザの性格・価値観・生活習慣のデータを構造化しプロファイリングすることや、その理解を深化させることを目的とします。「行動変容AI」は、「ウェルビーイング支援提案」と「提案効果測定」のプロセスを循環するループに対応し、ユーザの行動や習慣の変容をサポートすることを目的とします。第2部では、これらのウェルビーイング支援AI技術の概要（第1章）と実践（第2章）、また、社会受容性の調査事例（第3章）を紹介します。

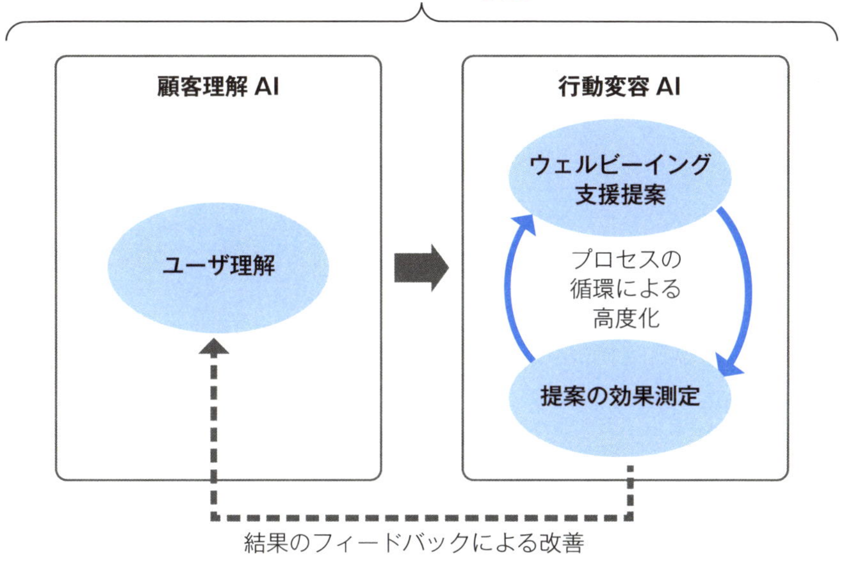

支援プロセス	アプローチ	技術要素／概要
ユーザ理解	心理測定技術	心理尺度の整理と、Webアンケートなどへの実装
	行動分析	コンテンツ分析／行動分析／心理分析
		属性分析／行動分析
		会話分析／リアクション分析／ネットワーク分析
ウェルビーイング支援提案	認知的サポート	プランニング支援／予測による行動変容支援
	語りかけ	行動変容を促すためのユーザ属性に応じた適切な語りかけ
	マッチング	相性のマッチングを考慮した、トレーナーや、パートナーの選定
提案の効果測定	主観報告	アンケート回収による集計、分析
	行動分析	コンテンツ分析／行動分析／心理分析／会話分析／ネットワーク分析
	生体反応分析	リアクション分析／バイタル分析

図表2.1.1 ウェルビーイング支援モデルと2つのNTTデータ技術の全体像

2 NTTデータの顧客理解AI

ビジネスにおけるユーザ理解の変遷

ここでは多様なユーザをデータに基づき理解しプロファイリングする「顧客理解AI」について、その変遷と概要を紹介します。ビジネスにおける「ユーザ理解」は、商業形態に合わせて変化してきました（図表2.1.2）。かつての地域密着型の商店街では、店主は顧客との信頼関係をもとに地域の人々のニーズを熟知し、顧客一人ひとり（個客）に合わせた、きめ細かいサービスを提供していました。やがて、デパートやショッピングモールによる大量生産・大量消費の時代が到来すると、誰もが欲しがる画一的な消費傾向の理解が主流となりました。さらにニーズの多様化が進むにつれて、POSデータ解析やマーケティングリサーチが活発に行われ、ユーザセグメントごとの商品開発やターゲティング広告が一般化していきました。

そして、インターネット空間上にECモールが登場します。物理的な店舗を持たないECモールは、ロングテールのニーズに応える豊富な品揃えを実現し、購買履歴ベースのユーザ理解とレコメンドアルゴリズムが普及しました。さらに近年のD2Cとよばれる販売モデルでは、消費者の趣向をより深く把握し独自の顧客チャネルを通じて商品の魅力を直接的に訴求することで自社のファンを作り出し、LTV（Life Time Value、顧客生涯価値）を高めることが期待されています。今後はAIの更なる進化によって行動データの解析がより多面的・高解像度になってゆくことが予想されます。またウェルビーイング概念の普及によって、ユーザは短期的な欲求や利便性より長期的なウェルビーイングの実現のために対価を払う傾向が強まるでしょう。「ウェルビーイング指向EC」とでも呼ぶべき、新しい価値を訴求するECが登場することも考えられるでしょう。

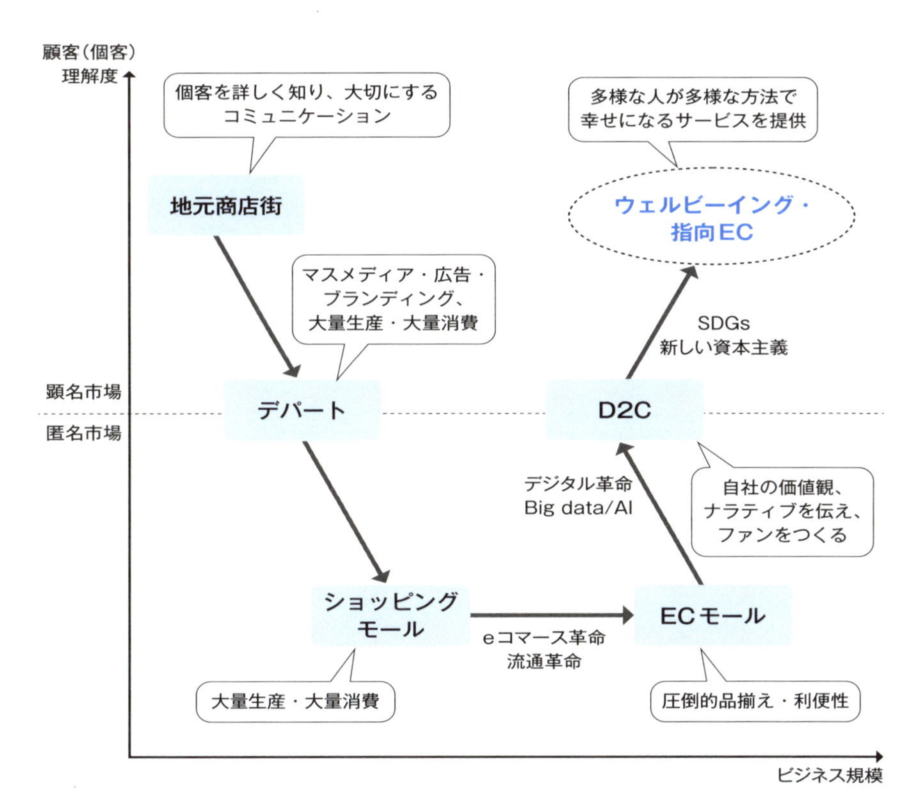

販売形態	分析手法
地元商店街	● Face-to-faceや人間関係に基づくアナログな個客理解
デパート ショッピングモール	● POS分析 ● セグメント分析
ECモール	● 購買行動分析 ● 購買履歴ベースレコメンド
D2C（Direct to Consumer）	● 個客分析、パーソナライズ ● Web接客
ウェルビーイング指向EC	● AIを用いた多面的で解像度の高いユーザ理解 ● 行動変容の支援

図表2.1.2　小売業の販売形態による「ユーザ理解」の変遷を、「ユーザ顧客（個客）**理解度」と「ビジネス規模」の2つの軸で捉えた図**（上）**とそれぞれ販売形態における分析手法**（下）

NTTデータの「顧客理解AI」技術概要

従来から、ユーザの購買行動の分析を通じて、ユーザの商品選択の傾向を把握することが行われてきました。そして現代では、人々は生活のあらゆる場面で四六時中スマートフォンを利用しています。SNSでコミュニケーションを取り、電子マネーで買い物をし、移動時にはGPSで移動経路を確認しています。こういった行動には、ユーザの特性(性格・価値観、趣味嗜好、生活習慣等)や、その時の状態(感情、行動、ウェルビーイング等)が色濃く反映されます。

NTTデータの顧客理解AIは、図表2.1.3のように、ユーザの購買履歴に加え、SNSのテキストデータ、GPS位置情報、食事画像、ウェアラブル端末の記録などの各種データから、「ユーザ特性」や「ユーザ状態」を推定することを可能にしました。

通常、心理学や行動経済学では、ユーザの特性や状態は、アンケートによって取得しますが、性格特性や価値観のデータをアンケートから得るには、多くの質問に回答してもらわなければなりません。NTTデータの顧客理解AIでは、ユーザの特性・状態(ユーザが質問に答えて得られるデータ)とユーザの日記データやSNSデータ等の多様なデータ(ユーザが質問に答えることなく得られるデータ)とが対応づけられた大量のデータセットを用意し、その関係性を事前に機械学習によってモデリングします。そうすることで、ユーザが質問に回答することなく「ユーザ特性」や「ユーザ状態」を推定することができるようになります。

ここで「ユーザ特性」とは、時間によってあまり変化しないと考えられる心理的な特性です。具体的には、性格(Big 5性格診断など)や価値観(Schwartzの10大基本価値、衣食住・生活・仕事に関する価値観など)、生活習慣をさしています。「ユーザ状態」は、時間によって変化する心身の状態です。ここには、趣味嗜好(長期／短期)、行動状態(屋内行動・外出行動)、運動量や睡眠などのバイタルデータ、また主観的ウェルビーイング状態の測定指標である、人生に対する認知的満足度や感情的な状態が含まれます。

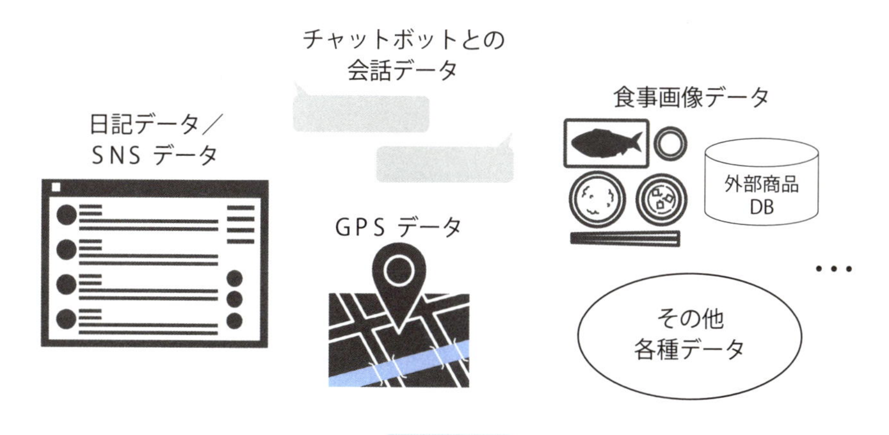

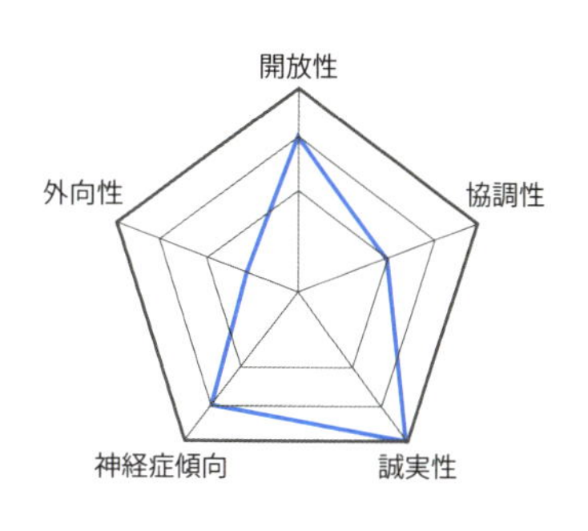

生活習慣

カテゴリ	生活習慣	内容	数値	単位
仕事	勤務形態	テレワーク	80	%
	移動手段	電車	1.5	hour
食習慣	昼	コンビニ食	60	%
	夜	居酒屋	40	%
運動習慣	屋内運動	ジム	20	%
自由時間	レジャー	ハイキング	10	%
	ボディケア	銭湯・サウナ・スパ	20	%

図表2.1.3　NTTデータの顧客理解AIのイメージ図

顧客理解AIの適用分野

顧客理解AIを適用する分野は、図表2.1.4のように、ユーザ（生活者）を中心にした「心身のウェルビーイング」「生活のウェルビーイング」「職場のウェルビーイング」の3つのカテゴリに分類できます。図表2.1.5には、生活、心身、職場の各ウェルビーイングのカテゴリにおいて取得されるデータ（中央列）と、そのデータから推定される特性・状態（右列）の具体例を示します。生活のウェルビーイングは、衣食住や貯蓄、学習など、さらに細分化されていきます。

どのカテゴリでも、ユーザの承諾を得てデータが取得されます。データの集計や前処理を適切に行ったうえで、機械学習モデルに入力すると、ユーザの特性や状態を、数値データとして出力します。これによってユーザの特性・状態を定量的なテーブルデータとして得ることができます。このユーザの情報と、ECサイトの商品や映像などのコンテンツ、コミュニティイベントなどの各種コンテンツとを突き合わせ、マッチングやレコメンドを行います。マッチングやレコメンドの詳細なアルゴリズムについては、続く「行動変容AI」の節で紹介します。

カテゴリ	データ	データから推定される特性や状態
生活の ウェルビーイング	GPSデータ	●性格特性・価値観・趣味嗜好
	ECサイト利用履歴	●購買に関する性格特性・価値観 趣味嗜好
	決済・家計簿アプリデータ	●購買に関する性格特性・価値観 ●金融ポートフォリオに 関する価値観 ●趣味嗜好
	学習・読書アプリ利用履歴	●学習や能力に関する 価値観・趣味嗜好
生活の ウェルビーイング & 心身の ウェルビーイング	Webブラウジング履歴	●性格特性・価値観・趣味嗜好
心身の ウェルビーイング	各種デジタルコンテンツの視聴履歴	●趣味嗜好
	ゲームプレイ履歴	●性格特性・価値観・趣味嗜好
	ウェアラブルデバイス ヘルスケアアプリの データおよび利用履歴	●運動習慣に関する価値観 ●運動量 ●心身の変化 メンタルコンディション ●喫食履歴
	各種SNS・チャットの発信および 視聴履歴	●発信・発言内容からはリアルタイムのメンタルコンディション ●コンテンツの嗜好性からは性格特性・価値観・趣味嗜好
職場の ウェルビーイング	オフィス系ソフト、端末利用履歴	●業務への集中 ディストラクション ●部署内外との人的ネットワーク
	社内システム利用履歴	●業務への集中 ディストラクション
	開発環境(Gitなど)や日報の履歴	●業務への集中 ディストラクション ●部署内外との人的ネットワーク ●その他、業務に対するメンタルコンディション

図表2.1.4　ウェルビーイングカテゴリごとの利用データと推定される特性や状態

3 NTTデータの行動変容AI

ウェルビーイング支援提案プロセス

ここでは、NTTデータが開発する「顧客理解AI」と「行動変容AI」のうち、ユーザの行動や習慣の変容をサポートする「行動変容AI」の概要を紹介します。「行動変容AI」は、「ウェルビーイング支援提案」と「提案の効果測定」のプロセスに対応します（図表2.1.1）。

支援提案のプロセスでは、ユーザ理解プロセスによって把握された特性・状態に応じて、ウェルビーイング向上に寄与する施策を提案します。環境に配慮した生活を心がけているユーザには、それが実現できるような商品を提案する、経済的なコストを重視しているユーザには、それに沿った商品を提案するなどです。

さらにNTTデータの「行動変容AI」では、その「提示方法」や「抽象度」「選択肢の数」など複数の側面を考慮します。「提示方法」は、施策を提示する「タイミング・メッセージの送り方・その文面・行動のハードルの高さ」を調整し、ユーザに自己効力感をもたらすような提示を行います。自分はうまくできていると実感することで、ユーザは提案された行動をより自律的に継続できるでしょう。「抽象度」と「選択肢の数」も、行動選択におけるユーザの自律性に関わる重要な側面です。自律性がウェルビーイングにとって重要な要因であることを第1部でみてきましたが、施策の抽象度と選択肢の数を適切にコントロールすることで、ユーザはシステムの提案施策を反射的に採用するのでなく、自律的に行動・選択した感覚を持てるようになります。

施策の提案は、ユーザの特性・状態を考慮して行います（図表2.1.5）。例えば「隣駅に新しいパン屋ができたので、行ってみませんか？」といった施策内容を決め、次に、ユーザに合わせて強調する情報をユーザの特

提示施策

隣駅に新しいパン屋ができたので、行ってみませんか？

最近、運動不足を気にしている Aさんへの提示時に 強調する情報	食の観点から健康に気を付ける Bさんへの提示時に 強調する情報
パン屋までの往復の歩数 ：約4,000歩 徒歩での総消費カロリー ：約120kcal	売れ筋商品 ：野菜たっぷり米粉カレーパン タグ ：グルテンフリー、地元野菜

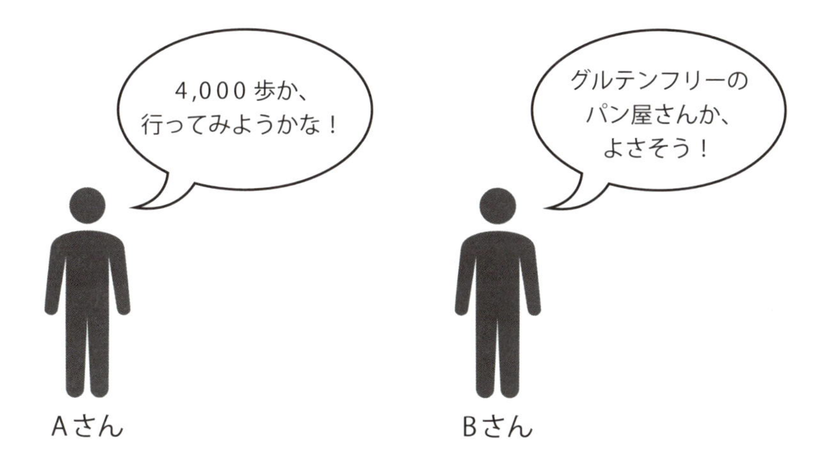

図表2.1.5 「行動変容AI」におけるウェルビーイング施策提案イメージと具体例

性・状態、抽象度、選択肢の数を考慮したうえで決定します。Aさん向けの提案の例では、歩数と消費カロリーという具体的な数字を提示し、かつ選択肢も提示しています。同様の施策であってもBさんには全く異なる提示方法で提案を行います。その他、「行動変容AI」のアプローチとして、行動を実施すべき順序や時刻を整理する「計画支援のアプローチ」などがあります。

提案の効果測定プロセス

支援施策を実施した結果、ユーザの状態がどのように変化したのかを測定するのが「提案の効果測定」のプロセスです。測定内容は、提案施策が向上を意図したウェルビーイングの要因によっても変わりますが、いずれの場合も「主観的ウェルビーイング」と、その下位指標となる「ウェルビーイングの構成要因」の測定は、実施することになるでしょう。

「主観的ウェルビーイング」の測定は、基本的に認知的満足度と感情に関するアンケートを実施します。施策を実行した期間のユーザ自身の生きかたにどの程度満足しているか、どの程度ポジティブな感情があったか等をたずねると同時に、提案した行動プロセスそのものへの評価も行います。健康のために歩く施策を提案した場合なら「歩くこと自体が楽しかったか」といった項目を含め、その効果を把握します。

「ウェルビーイングの構成要因」とは、「挑戦」「親しい関係」「社会貢献」「自然とのつながり」といった、それぞれの人のウェルビーイングを向上させる心理的な要因のことです（p.10）。この測定には、各要因を測定する質問項目を用意したり、その期間に感じることができた要因を選択してもらったり、自由記述の回答をテキスト分析したりする方法が考えられます。アンケート以外にも、ユーザが施策によって意図された行動をとったかどうかを分析する行動履歴分析、視聴コンテンツの分析や日記の分析、ウェアラブル端末から収集されるバイタルデータや睡眠データの分析などを多面的に実施します（図表2.1.6）。その他、自社サービスの利用効果に直結する指標があれば、それを評価します。

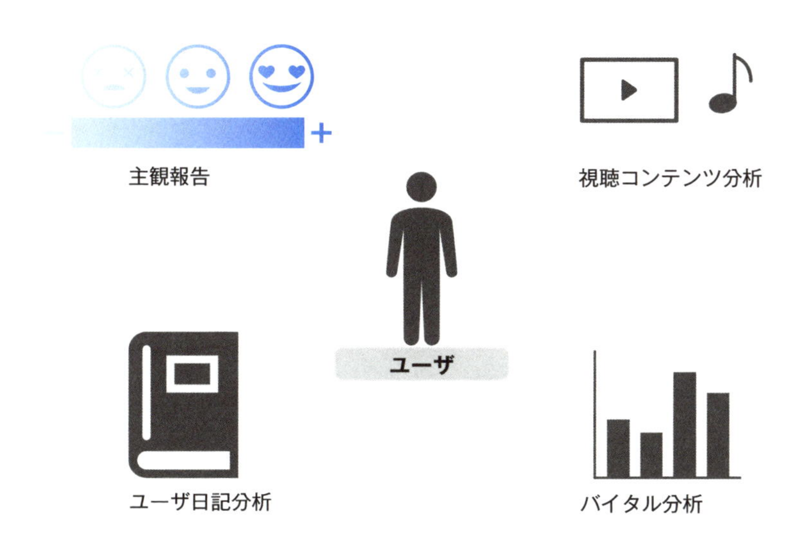

効果測定方法	概要
簡易アンケート分析	各種主観報告結果の分析
行動履歴解析	日常の行動を分析
特化アプリの利用履歴分析	特化アプリの利用状況、ならびにデータの分析
ユーザ日記分析	日記やSNSなどの言語にあらわれる特徴の分析
視聴コンテンツ分析	実際に視聴したコンテンツの分析
会話・リアクション分析	会話にあらわれる特徴の分析
音声／表情分析	身体にあらわれる特徴の分析
バイタル分析	身体にあらわれる特徴・データの分析

図表2.1.6　ウェルビーイングの提案の効果測定に用いる想定利用データ

4 顧客理解AIと行動変容AIの統合

2つのAI技術を統合した支援例

NTTデータは、「ウェルビーイング支援モデル」(p.10)に基づき、「顧客理解AI」と「行動変容AI」という技術基盤を利用し、ユーザに伴走するウェルビーイング支援の実現をめざしています。このような統合された支援例として、図表2.1.7の「ウォーキング」を見てみましょう。

まず各種データから顧客理解AIを用い、ユーザの属性・特性・状態を推定します。これらの情報を行動変容AIの入力として使用することで支援提案を行います。ユーザは行動を選択することで、その行動に紐づく価値と出会うことができます。図表2.1.7では、ユーザは「川越食べ歩き」を選択・行動したことで「新しい土地でのおいしい食べ物」に出会えました。提案の効果測定により、ユーザの主観・行動の両面からフィードバックを得ることで施策を改善、状態を更新していきます。同時にユーザのウェルビーイング状態も測定され、更新されます。

NTTデータのAI技術の特徴

NTTデータの「ウェルビーイング支援モデル」では、「ナーチャリング(Nurturing　伴走)」という言葉に注目しています。ナーチャリングはマーケティング用語で顧客を「育成」するという意味で使用されますが、ここでの取り組みでは、ユーザの意思に沿った伴走型支援を意味します。ウォーキングの例でいえば、「以前、週末に歩いたときは、気分がスッキリしたと言っていましたね。今週末も歩きませんか？」といった形で提案を行うものです。

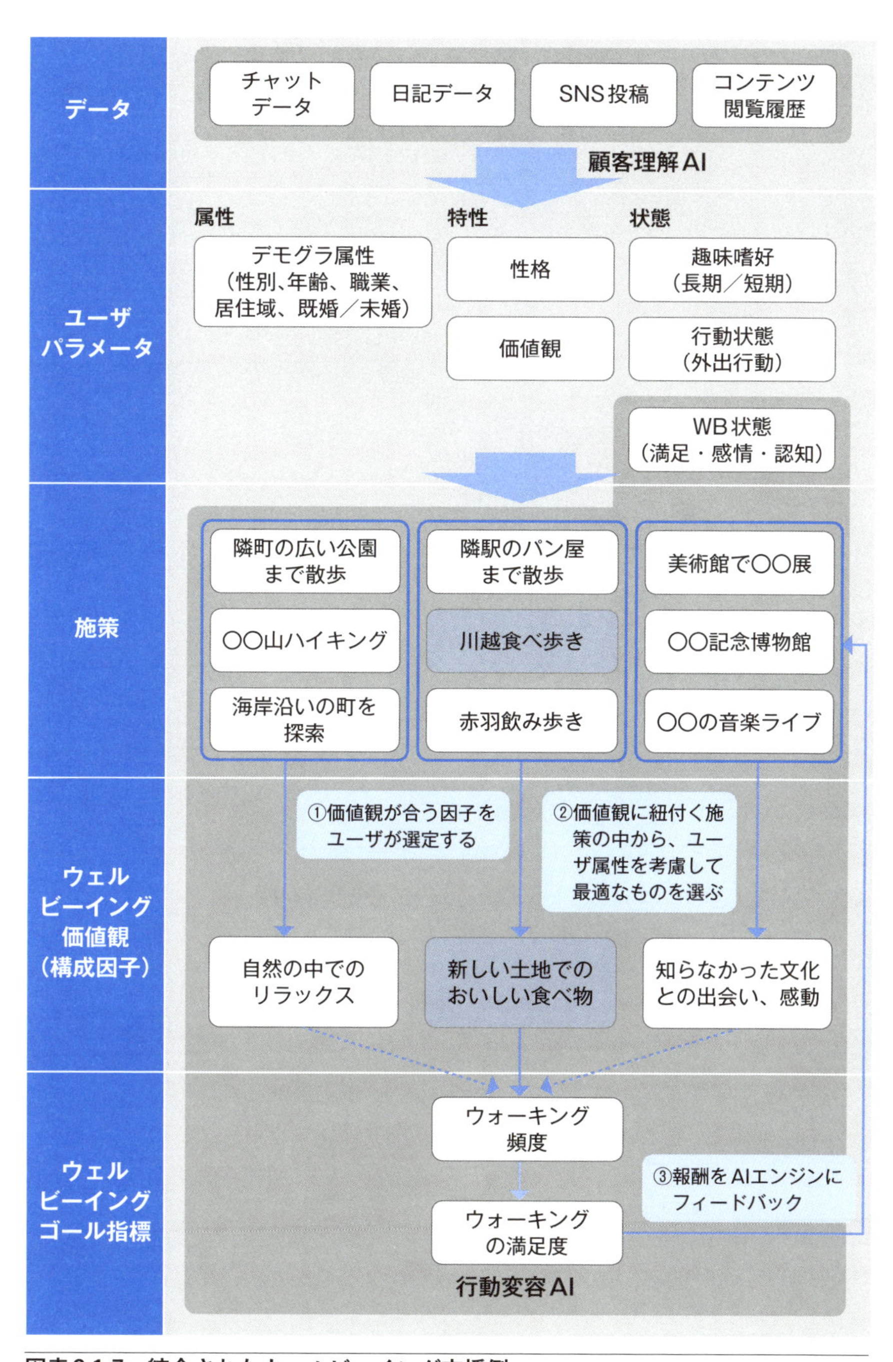

図表2.1.7　統合されたウェルビーイング支援例（ウォーキング）

2-2
NTTデータによるウェルビーイング支援のユースケース

Use case of well-being support service by NTT Data Inc.

1　AIによるレコメンドを利用したユースケース

NTTデータのウェルビーイング支援ユースケース

本章では、AIによるレコメンドを利用した、ウェルビーイング支援の3つのユースケースとして、①「感情情報に基づく図書レコメンド」②「個人の価値観・趣味・嗜好に合った観光地レコメンド」③「ユーザ受容性を高める強化学習を用いた行動レコメンド」を紹介します。これらのユースケースは、NTTデータの顧客理解AIや行動変容AIを利用したものです（図表2.2.1）。

AIによるレコメンド

一般にAIによるレコメンドでは、「レコメンド対象」「利用ユーザ」「対象とユーザの関係」の3つの視点に着目して検討が進められます。「レコメンド対象」に関しては、対象の性質や価値を定義する必要があります。例えば、本のレコメンドであれば、作者や出版社、本の内容を表すキーワードや感情語が重要です。旅行のレコメンドであれば、その土地の地理的な情報以外にも観光地で得られる体験や感情などを集めます。

「利用ユーザ」の検討には、顧客理解AIが役立ちます。属性や行動履歴などから、その人の興味関心のプロファイルを定義します。単純な事例であれば、性別、年齢でセグメントを区切るだけでも、ユーザの趣味趣向を知ることができます。

「対象とユーザの関係」は、どのユーザにとって、どの選択肢が望ましいかという対応関係を学習します。レコメンド対象と利用ユーザの対応関係が明らかでない場合は、複数の選択肢を提示して、ユーザに選択してもらうことでレコメンド対象と利用ユーザの関係を学習します。

以上のように、「レコメンド対象」「利用ユーザ」「対象とユーザの関係」に着目したレコメンドを検討することで、ユーザが受け入れやすいサービスとなることが期待されます。以降述べていく、①「感情情報に基づく図書レコメンド」は、「レコメンド対象」に着目したユースケースです。②「個人の価値観に合った観光地レコメンド」は、「レコメンド対象」と「利用ユーザ」に着目したユースケースです。③「ユーザ受容性を高める強化学習を用いた行動レコメンド」は「対象とユーザの関係」に着目した技術検証です。

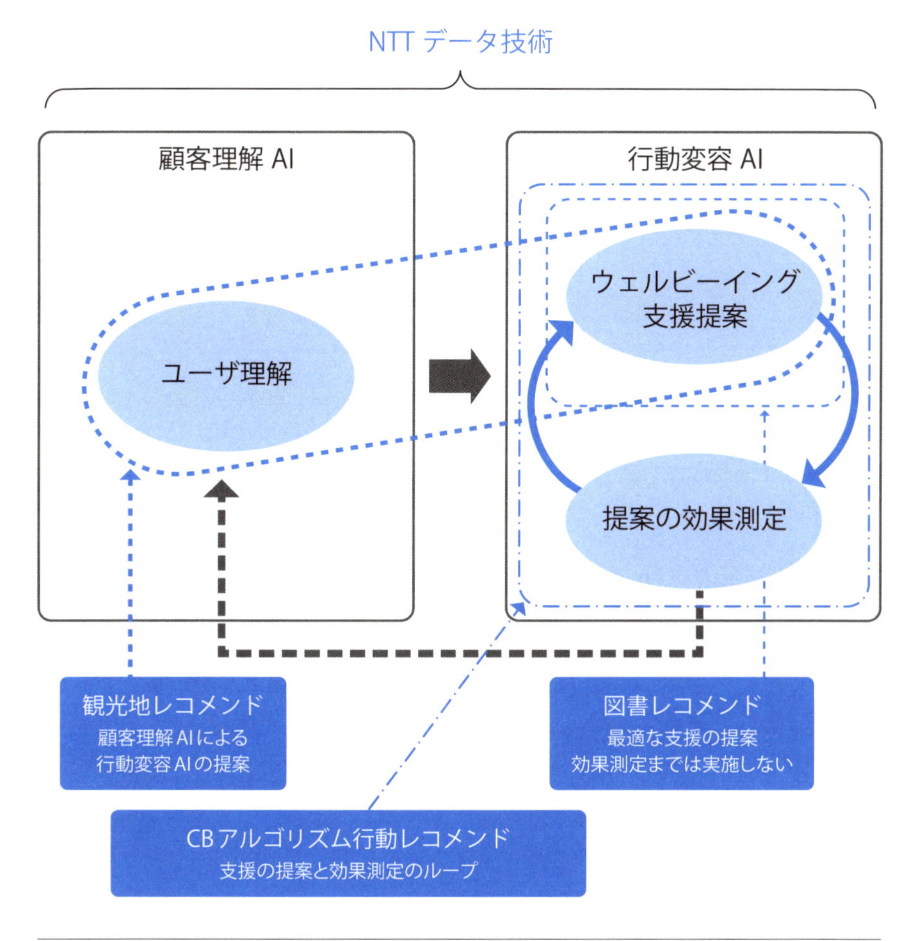

図表2.2.1　NTTデータによるAI技術を利用したユースケースと技術検証

2 NTTデータのユースケース①
感情情報に基づく図書レコメンド

NTTデータが公共図書館にて実証実験を行った、「感情情報に基づく図書レコメンド」システムを紹介します。これは、ユーザに、読みたい本の読後感を表す「感情語」と興味のある「トピック」に関するキーワードを選択してもらい、それらにマッチする本を提案するシステムです。

目的

図書館で蔵書を探すとき、読みたい本が決まっていれば、作者名やタイトルから本を検索できます。目当てが具体的でなくても関心に対応する図書分類コードから探すこともできます。しかし、具体的な情報が無い場合や関心が明確に言語化されていない場合、従来の検索方法で読みたい本に出会うことは難しいでしょう。このレコメンドシステムでは、抽象的な読後感を表現する感情語やトピックに関するキーワードでも本を検索可能にし、来館者への新たな読書機会の提供をめざしています。

支援内容

ユーザ体験の流れを図表2.2.2で説明します。Step1では、ブラウザに表示された感情語のワードクラウドから読みたい本に期待する読後感を選びます。Step2とStep3では、関心のあるトピックワードを選びます。Step2では「推理」と「ミステリー」、Step3ではより具体的な「科学」と「難解」が選択され、Step4で推薦書籍が表示されます。読後の感情やトピックワード等を考慮した「総合的なオススメ」では、あらすじと「オススメ度」のパーセンテージとともにトピックワード群と5つの読後感がグラフで表示され推薦の根拠を示しています。その他、「トピックのみを考慮した類似書籍」「感情語のみの類似書籍」も表示されます。

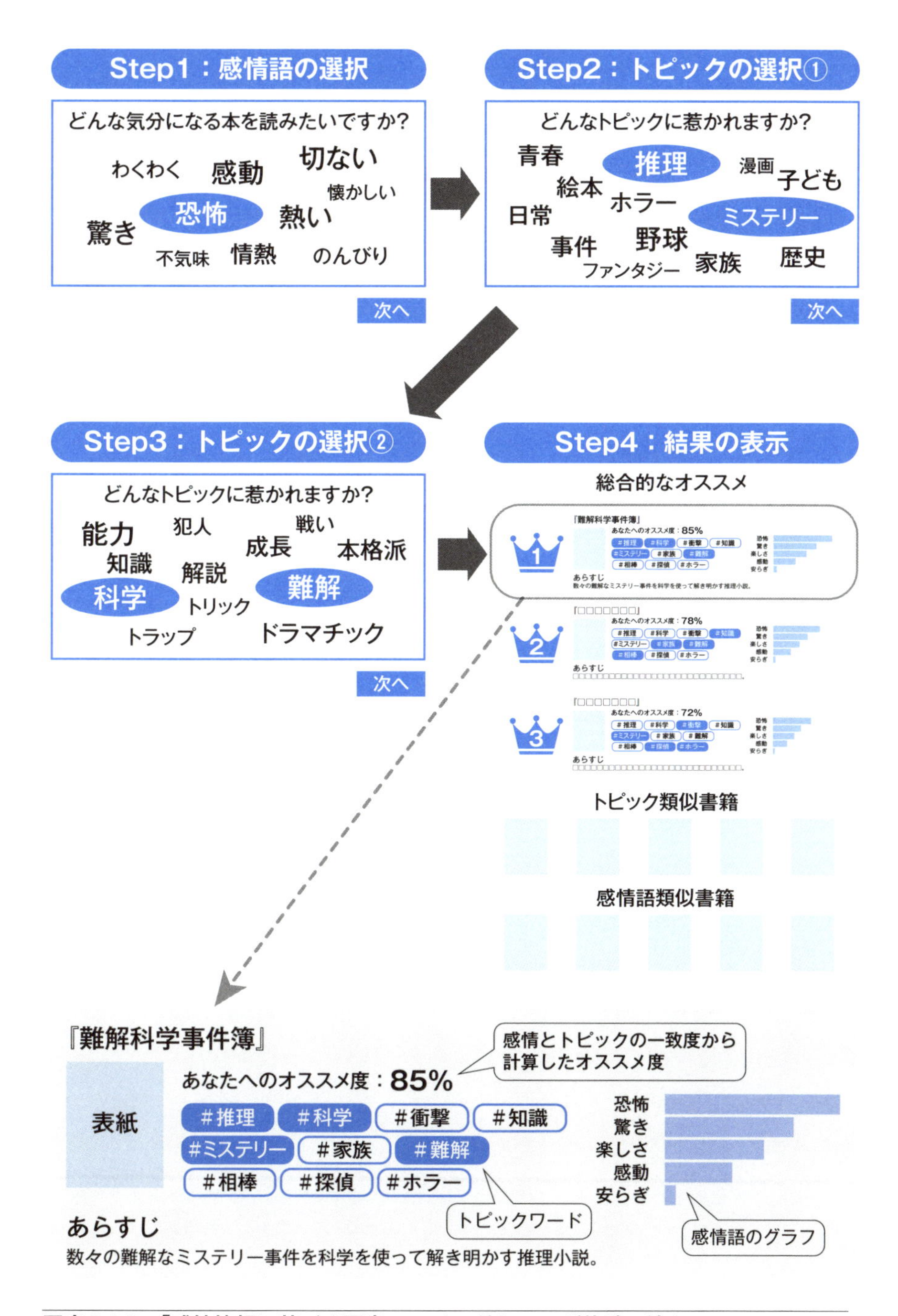

図表2.2.2 「感性情報に基づく図書レコメンド」ユーザ体験の流れ

期待される効果

本システムは、抽象的なキーワードを入力するだけで、ユーザ（来館者）に新たな本との出会いを提供します。この体験を通じて期待される効果として、まず、読書に対する自分の感情や関心のあるキーワードが見える化され、「自己への気づき」が促されます。次に、読書への興味や関心が深まることで、読書に対する「動機づけ」が強めます。さらに、複数の推薦書籍が提示されることで、「自己決定」が促されます。

支援結果と今後

本システムを1か月程度、公共図書館に試験的に導入したところ、市民から好評を得たため、本格的な導入に向けた検討が進んでいます。現在は、その場の気持ちで毎回選択する提供方法になっていますが、将来的には顧客理解AIと連携させることで、同じ単語を選んだ場合でもその人の属性や心理的特性が考慮されるようになり、パーソナライズされた結果を提示することも可能になると考えられます。

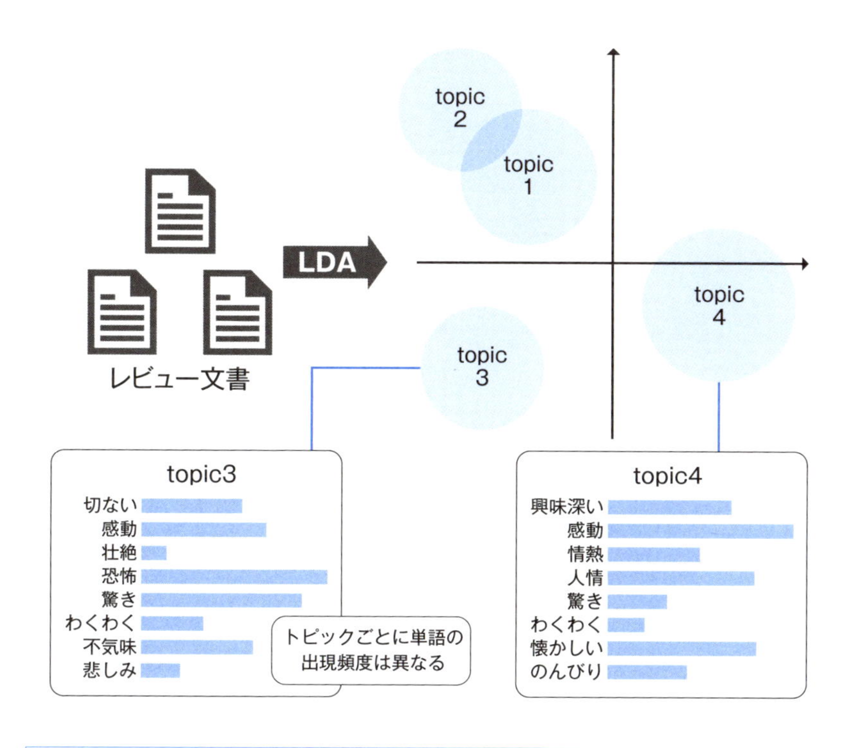

本システムで利用した技術の詳細

本システムでは、感情語やトピックワードの選定に、LDA（Latent Dirichlet Allocation）と呼ばれるトピックモデルを利用しています。LDAは、文章を複数のトピック(話題やテーマのようなもの)の集合で成り立っていると仮定し、それらのトピックがどう組み合わさっているのかを推定する統計モデルです。トピックモデルを用いることで、多くの本をカバーする代表的な感情語やトピックワードを抽出することができます。

本システムでユーザに提示する感情語を抽出する方法は、以下のステップからなります。まず、本のレビューに含まれる感情語の出現頻度で本を特徴量化します。特徴量化のイメージとしては、例えばある本の中に「面白い」が3回、「楽しい」が2回、「泣ける」が4回、出現した場合、[3, 2, 4]というベクトルとして本を特徴量化します。このとき利用する感情語は「日本語感情辞書」に基づく1000語を使用し、特徴量は実際には1000次元のベクトルになります。特徴量化された大量の本をもとにLDAを用いてトピックモデルを構築します。得られた複数のトピックから、それぞれのトピックを特徴づける感情語を全体で30語抽出します。このようにして得られた30語は、複数のトピック全体をカバーする代表的な感情語となっています。

図表2.2.3　トピック分析のイメージ

NTTデータのユースケース②

3 個人の価値観に合った観光地レコメンド

観光地がユーザに与える価値と感情をNTTデータ独自のAIモデルでスコア化し、ユーザの価値観や感情にマッチする観光地を提案する「個人の価値観・趣味・嗜好に合った観光地レコメンド」システムを紹介します。

目的

観光地の活性化というと、その土地の名物や名所をメディア等を通してプロモーションすることが多いでしょう。しかし、特に近年は観光客が観光に望むものは個人ごとに大きく異なるようになりました。本システムでは、観光客（ユーザ）個人の価値観や趣味嗜好に合う観光地を提案し、それぞれの人の観光体験の満足度を高め、その地域のファンを増やすことをめざしています。

支援内容

本システムを利用する下準備として、図表2.2.4のように、レコメンド対象である各観光地が持つ「体験」「リラックス」「高級感」などの「外出価値観」スコアを推定する独自AIモデル（外出価値観推定技術）と、各観光地で生じる「楽しさ」「驚き」「安らぎ」といった「感情」スコアを推定する独自AIモデル（感情推定技術）を用意します。これらのAIモデルは、旅行レビューなどのクチコミデータをもとに、それぞれの観光地のスコアを算出するものとなっています。次に、ユーザアンケートを用いて、利用ユーザの価値観・感情の興味を測定します。このユーザの価値と感情に関する興味と、前述の観光地の外出価値と感情を照らし合わせることで、適合度の高い観光地がレコメンドされます。

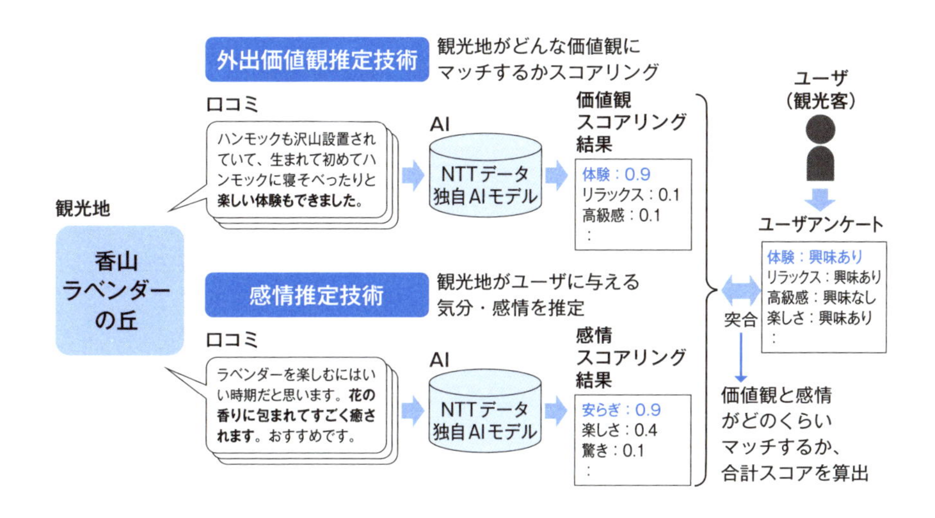

図表2.2.4 「個人の価値観・趣味・嗜好に合った観光地レコメンド」システム概要

期待される効果

本システムでは、ユーザと観光地それぞれから得られる価値や感情のスコアのマッチングを行うため、精度の高い提案ができると考えられます。また、なぜその観光地がレコメンドされているのか、その理由が価値と感情のスコアによって明確になるため、ただ観光地をレコメンドされるよりも、より「納得感」を得られるようになっています。

また、観光地が持つ価値観や感情スコアと併せてクチコミを読むことで、他人のレビューを価値観や感情の観点からよりよく理解することができます。これにより、同じサービスを使う他者との間の「価値観や感情の共有」をサポートすることも可能です。

その他、レビューは本システム特有の機能ではありませんが、自身のレビューが役に立ち「感謝」されたり、「いいね」やコメントを受け取ることによるユーザ間の「関係性」構築が期待されます。また、レビューがAIの学習データとなり、AIの精度向上につながるということがユーザに理解してもらえれば、サービスの共創意識にもつながるかもしれません。

支援結果と今後

本システムは、外出価値と感情の2つの独自AIを利用していますが、どちらの出力を優先するかをユーザごとに変えることはしていません。しかし実際にはユーザごとにバランスが異なる可能性があり、これらを考慮することで、よりユーザに寄り添った提案が可能になるでしょう。

NTTデータのユースケース③［技術検証］

4 ユーザ受容性を高める強化学習を用いた行動レコメンド

ユーザの属性や関心をより細やかに考慮することで、ユーザに受け入れられやすい選択肢を探索する技術の検証事例を紹介します。

目的

レコメンドは、その対象の性質のみから選択肢を決定するよりも、それぞれのユーザに合わせた提案をするほうがより受け入れられやすくなると考えられます。ここでは、受け入れられやすい選択肢を提示するための「Contextual Banditアルゴリズム」の効果を検証します。

検証内容

「Contextual Banditアルゴリズム」（以下、CBアルゴリズム）は、サービス開始直後など、データが蓄積されておらずレコメンド対象とユーザの属性・関心（ユーザコンテキスト）の対応関係がわからない場面で有効です。このアルゴリズムは、強化学習アルゴリズムの一種で、ユーザコンテキストを考慮したうえで、報酬が大きくなるよう選択肢を提示します。ここで、報酬とはシステムが提示した選択肢を、実際にユーザが選択することで獲得される得点のことです。

CBアルゴリズムの効果は、約1万人に実施したアンケートにおいて、「ランダムな選択肢」と「CBアルゴリズムで計算した選択肢」のどちらがユーザに選ばれやすい選択肢を提示できたかによって測定しました。

アンケートは全30問から構成され、そのうち5問が年齢、性別、職業、居住地、家族構成についての質問、20問が興味・関心についての質問、残り5問が行動の選択肢についての質問です。

図表2.2.5は、20問の興味・関心についての選択肢の内容と、20種類の行動の選択肢パターンを示しています。

実際にユーザに提示される行動の選択肢についての質問5問は、この20種類の行動の選択肢パターンから、5件がアルゴリズムによって選ばれ、ユーザは自身が実施できそうな行動を5件の中から選択してもらいます。

行動の選択肢で選ばれた回答にはCBアルゴリズムにおいて報酬が与えられます。つまり、一人あたり5件の行動に対する報酬情報が収集されることになります。

検証は、まず5,000人に「ランダムに提示された選択肢」に基づくアンケートを実施しました。次に、この回答データをCBアルゴリズムによって学習し、モデルを作ります。その後、それぞれ異なるタイミングでアンケートに回答する5,000人について、各ユーザの回答が得られたタイミングごとに一件ずつデータをモデルに取り込んで学習を行い、学習後のモデルが出力した選択肢を次のユーザに提示する、という処理を5,000人分繰り返しました。回答を一件ずつ学習していくため、徐々にモデルの精度が上がっていく形になります。

最終的に、ランダムな選択肢と、CBアルゴリズムが出力する選択肢のどちらがユーザにとって選ばれやすかったか（5件のうち何件が実施できそうな行動として選択されたか）を評価しました。

期待される効果

行動変容を促すために選択肢を提示することは、ユーザの「動機づけ」や「主体性」を高める効果があります。

一方で、ユーザの趣味嗜好に合わない選択肢ばかりが提示されると、かえってストレスを生じさせる可能性があります。ＣＢアルゴリズムなどにより、ユーザの属性や興味に合った選択肢を提示することで「ポジティブ感情」や「納得感」を引き出すことができると考えられます。

興味・関心（複数回答可能）
テレビ、ラジオ、芸能人
音楽、映画
ゲーム
スマートデバイス、PC、家電
本、雑誌
漫画・アニメ
料理、グルメ
ペット
家具、インテリア、住宅、DIY
ショッピング、100円ショップ、モール
健康、ダイエット
美容、コスメ
ファッション
スポーツ、野球、サッカー
アウトドア、キャンプ、釣り、登山
旅行
ビジネス・投資、株
ニュース、政治
美術、芸術、歴史、サイエンス
外国語

行動番号	行動
0	コンビニに新発売のスイーツを買いに行く
1	友人と会うためにカフェに行く
2	レストランに少しよいご飯を食べに行く
3	駅前のパン屋まで買い物に行く
4	料理の材料を買いにスーパーに行く
5	位置情報ゲームのクエストを実施する
6	ゲームセンターに音楽ゲームをしに行く
7	ゲームセンターにクレーンゲームをしに行く
8	友人と麻雀を打ちに行く
9	近所の道を散歩する
10	公園に季節の植物の写真を撮りに行く
11	一駅手前で降りていつもと違う道を歩く
12	芸能人がSNSで話題にしていた商品を買いに行く
13	洋服を買いにショッピングモールに行く
14	足りていない日用品を補充しにドラッグストアに行く
15	気になっていたCDを買いにCDショップまで行く
16	読みたい本を買いに本屋まで行く
17	図書館に気になっている本を読みに行く
18	美術館の展示を見に行く
19	気になっている映画を見に映画館に行く

実験結果

サンプリングアルゴリズム	報酬
ランダム	0.321
CBアルゴリズム	0.595

図表2.2.5　CBアルゴリズム効果を測るアンケート質問項目と実験結果

検証結果と今後

5,000人の回答が得られた時点でランダム選択肢の選択割合は0.32だったのに対し、CBアルゴリズムによる選択割合は0.59でした。つまり、25,000件の選択肢（5000人 x 5問）のうち、ランダム選択肢は約30%が選択されたのに対して、CBアルゴリズムは提示した選択肢の半数以上が選択されたということになります。

ＣＢアルゴリズムの元となった考えかたは、複数の選択肢のなかで、どの選択肢が効果的か事前にわからないという状況で、限られた試行回数で可能な限りよい選択肢を選び、総合的な報酬値を最大化しようとするものです。これまでは、主にWeb広告・配信コンテンツ・ダイレクトメールなどのサービスで活用されてきました。このような考えかたをユーザのコンテキストに合わせて実施しようというのがＣＢアルゴリズムで、現在では、様々なサービスにおけるレコメンドアルゴリズムとして利用されています。

従来のＣＢアルゴリズムでは、ユーザの性別や年齢、職業、居住地、サービス利用履歴・通信履歴などが、コンテキストとして利用されてきました。今後は、顧客理解AIによるユーザの性格や価値観のデータを活用することで、さらに適切に選択傾向を学習し、よりユーザに合った選択肢を提示できるようになるでしょう。

5 ＡＩによるレコメンドの留意点

AIによるレコメンドを検討する際には「レコメンド対象」「利用ユーザ」「対象とユーザの関係」の3点が重要です。

「レコメンド対象」については、その性質を分析し、性質を定義する必要があります。「図書レコメンド」における「感情語」や「キーワード」、「観光地レコメンド」における「外出価値」や「感情」などが、これに該当します。レコメンド対象の性質が定義されていれば、システムがユーザ側の趣向を把握していなくても、図書レコメンドのように、ユーザにレコメンド対象の性質を選択してもらうことで、ユーザにマッチしたレコメンドを行うことができます。

「利用ユーザ」に関しては、ユーザ属性や興味・関心などのプロファイルについて、顧客理解AIを用いて属性情報や行動履歴から推定したり、直接的にアンケートを用いたりするなどして測定します。

「対象とユーザの関係」においては、レコメンド対象とユーザ属性の対応関係が明らかな場合は、その対応関係に従って対象とユーザの情報を突き合わせればよく、「観光地レコメンド」がその一例として挙げられます。一方で、レコメンド対象とユーザ属性の関係が不明瞭な場合は、「図書レコメンド」のようにユーザに選択権を与えるか、ＣＢアルゴリズムのようにユーザ属性とレコメンド対象の関係を学習する必要があります。

このように、レコメンド対象と利用ユーザ、その対応関係に関する理解度に応じたレコメンドアプローチを検討することで、ユーザにとってより受け入れやすいサービスの実現につなげることができるでしょう。

2-3
ウェルビーイング支援サービスの社会受容性

Social acceptance of well-being supporting services

1　社会受容性調査の実施

調査概要

ウェルビーイングを支援するテクノロジーを用いた新しいサービスを社会実装し、普及させるためには、技術的な革新性やベネフィットだけではなく、企業活動やサービスの社会受容性を高めていく必要があります。このためには、社会受容性の調査を行い、発見された課題に対して、ガイドラインの整備、サービスに対する安全配慮措置、そしてリスクに関する正確な情報を行政・専門家・企業・市民などのステークホルダー間で共有し意思疎通を図るリスクコミュニケーションの活動等が重要です。本章では、ウェルビーイング支援サービスの展開に向けて、NTTデータが2022年に実施した社会受容性調査の結果を紹介します。

調査は、全体的な傾向を把握するための定量調査と、サービスが許容されない理由を探るための定性調査の2段階で行いました（図表2.3.1）。

定量評価は、インターネットリサーチを用いて各AIサービスの一般的な許容度について概観をつかむために、20歳から69歳までの男女を対象に人口構成比に従った割りつけを行い、20,000サンプル（人）からの回答を得ました。

定性評価は、AIサービスが許容されない理由を知るために同年齢層の男女15名を対象に1テーマについて最低2名ずつ、オンラインインタビューを行いました。「持続支援・発見支援・回復支援、自律性支援・他者性支援・倫理性支援」に関するAIサービスの内容を説明した後に、それを受容できるかどうかを尋ねました。ここでは、第1部で解説した持続・発見・回復支援（p.22）に加え、受容性に大きく関わると考えられる「自律性・他者・倫理」に焦点を当てたサービス内容をそれぞれ考案し、質問対象として設定しました。

全体的な傾向を把握するための①定量調査と、
サービスが許容されない理由を深掘りするための②定性調査の2段階で実施

	Step1 ①定量調査	Step2 ②定性調査
調査目的	サービスの許容度を把握する	サービスが許容されない理由の深掘り
調査方法	インターネットリサーチ	オンラインインタビュー
調査対象者	年齢：20歳から69歳 性別：男性／女性	年齢：20歳から69歳 性別：男性／女性 定量調査対象者から抽出
サンプル数	20,000サンプル 年代別に人口構成比で割り付け (4,000サンプル／年代)	15人(最低2名／テーマ)

テーマ	質問の対象としたAIサービス
持続支援	心身の健康維持に役立つAIサービス
回復支援	悪化した心身の健康状態からの回復に役立つAIサービス
発見支援	「自分にとっての幸せ」の発見に役立つAIサービス
自律性支援	望む生活をするためのサポートをするAIサービス
他者性支援	価値観が異なる他人を知るための感情的な共感を支援するAIサービス
倫理性支援	利他精神や人徳を高めるための行動をおすすめするAIサービス

図表2.3.1　ウェルビーイング支援サービスの社会受容性調査概要

質問項目

ウェルビーイング支援サービスの社会受容性調査に用いた質問票の一部抜粋が、図表2.3.2です。各支援テーマに対する質問は、「テーマ」と「適用例」を述べた後に、その便益（Q1）・リスク（Q2）・リスク軽減策（Q3）を説明し、それぞれに対する評価を1から5の点数で回答してもらいました。5段階の回答項目は、「A：サービスを許容する　B：サービスを許容しない」と定義したうえで、「Aに近い・どちらかというとAに近い・どちらとも言えない・どちらかというとBに近い・Bに近い」で構成しました。また、サービスについて「不安・懸念のことがあれば記載してください」という質問に自由記述で回答してもらいました。

結果概要

調査結果の概要を図表2.3.3（p.92）に示します。「Aに近い」「どちらかというとAに近い」の回答を「許容可」として、また「Bに近い」「どちらかというとBに近い」の回答を「許容不可」として割合を計算しました。「許容可」の割合は、「心身の健康維持に役立つAIサービス」（持続支援）が33.7%と最も高く、次いで「悪化した心身の健康状態からの回復に役立つAIサービス」（回復支援）が30.6%、「望む生活をするためのサポートをするAIサービス」（自律性支援）が30.4%でした。健康や利便性を向上させるサービスに対する許容度が比較的高いといえます。逆に、許容できないサービスは「利他精神や人徳を高めるための行動をおすすめするサービス」（倫理性支援）が34.9%で最も高く、「『自分にとっての幸せ』の発見に役立つAIサービス」（発見支援）が32.1%、「価値観が異なる他人との感情的な共感を支援するAIサービス」（他者性支援）が30.2%となりました。これらは個人の内面に踏み込んだサービスともいえます。各支援に対する代表的な肯定的・否定的意見を図表2.3.4（p.93）に示しました。年代別では、どのテーマにおいても20代・30代で最も許容度が高く、50代以降では許容度が低い傾向が見られました。

テーマ	心身の健康維持に役立つサービス
適用例	AIが健康的な生活習慣をサポートするサービスを提供するとします。 例えば、食事のカロリーや栄養素が適切かをチェックしたり、自分が望むバランスや好みを考慮したうえで健康的な外食をおすすめしたりするサービスです。
Q1：便益への評価	このサービスによって生活の利便性の向上や、心身の良好な状態の維持や、病気リスク低減につながる可能性があります。 このサービスを受け入れられるかどうかを1-5でお答えください。
Q2：リスク認識後の評価	あなたの個人属性や日々の行動履歴はサービス提供元企業に自動的に送信され、AIがあなたをどのように支援するか判断するために使われます。 また、AIの学習データとして間接的に他の人へのサポートのために活用される可能性があります。 ただし、あなたのデータは匿名化され個人を特定できないよう加工されています。 このサービスを受け入れられるかどうかを1-5でお答えください。
Q3：軽減策によるリスク受容評価	あなたの行動履歴データの中で、サービス提供元への送信を許可するものを自分で選べるとした場合、 例えば、食べたもののデータだけを許可し、職業や身長体重に関するデータは送信しない、など。 このサービスを受け入れられるかどうかを1-5でお答えください。

図表2.3.2　ウェルビーイング支援サービスの社会受容性調査における質問票（一部抜粋）

サービス概要	許容可[%]	許容不可[%]	属性による許容度
心身の健康維持に役立つAIサービス	33.7	26.1	許容度高：20-30代男女 許容度低：50代以上男女
悪化した心身の健康状態からの回復に役立つAIサービス	30.6	28.1	許容度高：20-30代男女 許容度低：60代女性
望む生活をサポートをするAIサービス	30.4	28.3	許容度高：20-30代男女 許容度低：60代女性
「自分にとっての幸せ」の発見に役立つAIサービス	27.0	32.1	許容度高：20-30代男女 許容度低：60代男性、50-60代女性
価値観が異なる他人との感情的な共感を支援するAIサービス	26.1	30.2	許容度高：20-30代男女 許容度低：60代男性、50-60代女性
利他精神や人徳を高めるための行動をおすすめするAIサービス	22.3	34.9	許容度高：20-30代男女 許容度低：60代男性、50-60代女性

許容度が高いサービスの傾向

- 心身の健康維持に役立つサービス、悪化した心身の状態からの回復支援、望む生活をするためのサポートなど、健康支援や利便性を向上させるサービスは比較的高い

許容度が低いサービスの傾向

- 「自分にとっての幸せ」発見に役立つサービス、価値観が異なる他人を知る、利他精神や人徳を高めるための行動をおすすめするような、内面に踏み込んだサービスは比較的低い

許容度と年代に関する傾向

- どのテーマにおいても許容度が高いのは20代、30代で、許容度が低いのは50代以降

図表2.3.3　ウェルビーイング支援サービスの社会受容性調査の結果概要

心身の健康維持に役立つAIサービス	
肯定意見	● 自己管理を補ってくれるのは魅力的。
否定意見	● 個人情報漏洩のリスクを感じる。
悪化した心身の健康状態からの回復に役立つAIサービス	
肯定意見	● 欲しい情報が得られるのであればよい。 ● 悪化の通知や状態の比較はよさそう。
否定意見	● 個人情報の漏洩が心配。 ● ネガティブ情報を第三者に渡したくない。
望む生活をするためのサポートをするAIサービス	
肯定意見	● 行動パターンが固定的にならないようなランダムさがあればよい。
否定意見	● AIに指示をされて生活することで自分を失いそう。 ● 自由で能動的であることが重要。 ● 子供の依存性が気になる。
「自分にとっての幸せ」の発見に役立つAIサービス	
肯定意見	● サービスを受けるタイミングについて、 マニュアル判断かAIによる自動判断か選択できるようにしたい。 ● 欲しい情報が得られるのであればよい。
否定意見	● 依存傾向が強くなる人が増えそうで心配。 ● AIに幸せは見つけられない。 ● 趣味や価値観をAIが判断できるわけない。
価値観が異なる他人との感情的な共感を支援するAIサービス	
肯定意見	● サービスによって得た情報をどう使うかは自分で判断できるので 深刻なリスクは感じない。 ● 新しい出会いがありそう。
否定意見	● 異なる価値観の人との出会いは不要。 ● AIによって判断された出会いは怖い。
利他精神や人徳を高めるための行動をおすすめするAIサービス	
肯定意見	● 人助けができるならメリットは大きい。 ● 人助けだけでなく相互支援の仕組みも欲しい。
否定意見	● 人にすすめられて行うことではないと思う。 ● 道徳の強制のようでうっとうしい。

図表2.3.4　各サービスの自由記述結果から抽出された代表的な肯定・否定意見

2 社会受容性向上に向けた課題と対策

支援テーマに対する自由記述回答の結果、および定性調査のインタビュー結果をもとに、社会受容性向上に向けた課題とその対策案を図表2.3.5に整理しました。

内面を尊重した適切なコミュニケーションを行う

主に、「発見支援」「倫理性支援」「他者性支援」に関するサービスを許容できない理由として挙げられていたもので、幸せや価値観のような自身の内面や、他者との関わりに関する倫理規範を、AIが判断することに対する拒否感や不安感が課題として挙げられます。

- 幸せをAIが決めてしまうこと自体が不安、
  AIに幸せは見つけられない。
- 趣味や価値観をAIが判断できるわけがない。
- 道徳の強制のようでうっとうしい。
- 人にすすめられて行うことではない。
- 異なる考え方の人間との出会いは求めないため最初から不要。

何より、人の内面に関わるサービスでは、その伝えかたに慎重さが必要です。例えば、「AIであなたの幸せを見つけることができます」といった表現は、ユーザの心の領域を侵すような感覚をもたらすのではないでしょうか。そもそも、「価値観」や「幸せ」といった抽象的な概念を、AIが理解できるわけがないと考える人もいます。

一方で、私たちは、普段、検索エンジンやレコメンドエンジンを使用して、ニュースから情報を得たり、動画・音楽などのコンテンツを楽し

個人データの扱いに関する主観的な納得感を高めること	
課題	●属性や行動履歴などの個人データを企業などの第三者に知られたくない、または所有されたくないという心理的抵抗。 ●個人データの漏洩リスクに関する不安。
対策案	●個人データに対する権利保護の観点からのデータ削除などの措置の検討に加え、データ利用についてユーザの主観的な納得感を高めるための仕組みが必要。 ●そのためには、どのデータがどう利用されているのかについてクリアなイメージを持てるようにしたうえで、メリットとリスクを考慮した判断ができるよう助けるための説明方法や技術が必要。
自律性を尊重した支援の仕組み	
課題	●AIに指示され能動性が失われるのではないかという不安。 ●判断能力が未成熟である子供の使用に関する問題。
対策案	●行動の選択肢について、AIが直接的な「答え」を与えるのではなく間接的な「手がかり」を与えるようにし、自分自身で考えることができる仕組みを提供する。 ●自分自身に対してAIがどのようにサポートしてほしいのかを、自分で選択できるようにする必要がある。 ●子供に対するAIのサポートがどうあるべきかの議論を行い、必要に応じて年齢制限や、子供向け機能を検討する。
内面を尊重した適切なコミュニケーション	
課題	幸せや価値観の発見、他者に対する利他行動など内面が判断するようなことに関するサポートをAIに期待していない、またはやってほしくないという抵抗感がある。
対策案	●「AIで幸せを見つけるサポートをします」というような伝え方は、人間の内面における自律性を尊重せず、外部から踏みにじるような感覚をもたらす懸念があるため、適切なユーザとのコミュニケーションの方法を検討する必要がある。 ●コミュニケーションの方法として、言葉による説明ではなく体験による価値の理解を促す方法が考えられる。実証実験において、ユーザの懸念を払拭しつつサプライズが生まれるか、困ってないと言っていた人から役に立ったと言ってもらえるか、などの観点で検証することが必要となる。
世代別の心理傾向を理解したサービスづくり	
課題	年代別の許容率によると、特にシニア層においては新しい技術に対する抵抗やリスク回避の考え方が強いと考えられる。
対策案	シニア層の恐れているリスクや生活環境における制約を考慮したうえで、使ってもいいと思えるようなサービスの構築・説明が必要。

図表2.3.5　ウェルビーイングを支援するサービスの社会受容性を高めるための課題

んでいます。実は、これらには既にAIが活用されており、結果として、AIが個人のウェルビーイングのきっかけを提供しているとも言えます。

新しい技術をユーザに理解してもらうプロセスは非常に重要です。技術について言葉で説明するだけでなく、実際に体験してもらうことも必要でしょう。また、技術を利用することが望ましい領域とそうではない領域があり、様々なユーザと広く議論するべきです。例えば、サービスを実際に提供する前の実証実験を多様なユーザとともに行い、その懸念を払拭しつつ技術を導入することも有効でしょう。

また、内面に関わるサービスに対する反応は年代により大きく異なる傾向があります。20代、30代では「許容する」と回答した割合が多い一方、50代、60代では「許容できない」と回答した割合が増え、その差が開いています。こういった世代による反応の違いの理由についても検討する必要があるでしょう。

このように、人の内面に踏み込んだ領域におけるAI活用は、日常に深く入り込むものであり、その利便性と倫理のバランスを慎重に検討する必要があります。

提案する行動に自律性を担保する

「自律性支援」に関するサービスについても懸念が示されています。以下は「許容できない理由」として挙げられた記述回答ですが、AIにすべて指示されることによって、ユーザの能動性が失われると感じる人が少なくありません。

- AIに指示をされて暮らすことに慣れてしまい、
  自分がなくなりそうな感覚を持ったので受け入れたくない。
- 生きていくうえで、自由で能動的であることが最も重要。
  AIに左右されたくない。
- 子供が使う場合に依存性がありそう。
- 余計なお世話。

ただし、「AIが直接的な『答え』を与えるのではなく、間接的な『手がかり』を与えるようにし、ユーザが自分で考えることができる仕組みを提供する』と補足すると、「許容できない」の回答割合は下がりました。このことからも、一定の自律性を感じられる仕組みの構築とその仕組みをユーザに正しく理解してもらうことが、許容度を上げるために有効だと考えられます。また、自律性に関して、判断力が未熟な子供の使用という問題もあります。年齢に応じた機能調整なども必要となるでしょう。

個人データの扱いに関する納得感を高める

また個人データの取り扱いに対しても、様々な意見が寄せられました。以下は、「持続支援」「回復支援」に関するサービスを許容できない理由として多く挙げられていたものですが、特にプライバシー・個人情報に関する懸念が示されています。

・個人属性や行動履歴は提供したくない。
・個人情報の漏洩が心配。
・ネガティブ情報が第三者に所有されることに抵抗がある。
・個人を特定できないとはいえ、AIに管理されている感じがする。

属性や行動履歴などの個人データが企業などの第三者に知られ、所有されることに対する心理的抵抗が大きく、また個人データの漏洩リスクに対する不安があることもわかりました。近年の個人情報漏洩事故の多発により、漏洩リスクへの感度は高まっています。実際、日本でも「改正個人情報保護法」(2022年4月施行)では、本人の権利保護がより強化された内容になっています。

そして、データの取り扱いに対するユーザの納得感を高めるためには、ユーザのデータが「誰に何のために利用されているのか」を説明することが必要です。特に、個人データの利用を許諾しない意思を示す「オプトアウト」に伴うデータ収集の停止、削除の仕組みや、AIの学習データの取り扱いに関する明確な方針を説明することが重要となります。
一方で、「持続支援」や「回復支援」のサービスに対しては、「自分では管理できない部分を補ってくれるのは魅力的だと感じる」「自分でコントロールできないので使ってみたい」といったポジティブな意見が多く他の支援に比べて「許容できる」割合が高いことがわかりました。すでに一定の受容が見られる「持続支援」や「回復支援」ですが、プライバシーに関する課題を克服することで、さらなるサービスの推進が期待できるといえるでしょう。

おわりに

監修　渡邊淳司

（日本電信電話株式会社　上席特別研究員）

そもそもウェルビーイングは、誰もが当事者でありながら、そのあり方が人それぞれ異なるという特徴があります。それにどのように対応し、支援を行うことができるのか。この問いに対するNTTデータのひとつの回答が、IT技術、特にAIを利用することによって、人それぞれにあったサービスを実現しようとするものです。

もちろん、ウェルビーイングを支援するサービスとは、単純に、その人がその瞬間に望むものを提供すればよいというわけではありません。長期的な視点に立って、本当にユーザのウェルビーイングが持続するのか、変化するユーザの状態に合わせて適切なサービスが提案されているのか、ユーザ自身がウェルビーイングであるために主体的に行動できるようになるのか、第三者がどこまでユーザのパーソナルデータを取得してよいのか——などなど注意深く考えるべきことがたくさんあります。

本書第1部では、ウェルビーイングの捉えかたからはじまり、「ユーザ理解」「ウェルビーイング支援提案」「提案の効果測定」といったサービスのプロセスを示しました。特に「支援提案」では、ユーザの状態遷移に合わせて、「持続支援」「発見支援」「回復支援」という支援のあり方を提唱しています。これは、ウェルビーイングを固定的なものではなく、常に変化する動的なものと捉えることによってもたらされた新しい視点で、本書の大きな特徴のひとつです。

そして、本書はタイトルにあるように「〈わたし〉のウェルビーイング」、つまり個人のウェルビーイングを対象としています。そのため、サービスでは個人のパーソナルデータが利用されることが多いので、サービスが倫理的に妥当であるか、常に気を配るべきです。本書は、支援提案の指針と倫理的ガイドが同じくらいの重みで併記されており、このことはNTTデータのITサービスが、ユーザの利便性だけでなく、ユーザの権利や尊厳に対しても同様に配慮していることの表れといえるでしょう。

第2部では、NTTデータのAI技術やそれを使った実践事例を紹介しています。ウェルビーイングのサービスでは、ユーザの属性だけでなく、ウェルビーイングに関する特性、つまりはウェルビーイング観点からのその人の状態や価値観に合わせてレコメンドが行われます。このとき、AIができることは、ユーザの属性や行動情報から、ユーザの状態やウェルビーイングにとって大事な価値観を推定すること、さらにレコメンド対象がどんな価値観と相性がよいかを推定することです。しかし、ユーザとレコメンド対象のマッチングが、最初から想定通りになることは多くないでしょう。できるだけ、実際にサービスを提供し、ユーザからのフィードバックを得て改善し、また提供する――という迅速なループを回し、アジャイルにサービスを磨きあげる必要があります。そうすることで、結果的にユーザもサービスに対しての関与感が強まるでしょう。

最後に、ビジネスを本業とするNTTデータの3名が、本書を執筆する過程に監修者として伴走し、「ウェルビーイングの支援」に企業が取り組むあり方について感じたことを述べます。

先ほど、個人のウェルビーイングに取り組むという意味で、本書のタイトル「〈わたし〉のウェルビーイング」があると述べましたが、もうひとつ、〈わたし〉という言葉の意味を考えたいと思います。

本書で取りあげたようなサービスを提供する企業は、ユーザにサービスを提供し、経済的対価を得ることになります。そのため、当然ですが、サービスを提供する側（企業）とサービスを受ける側（ユーザ）は、別の組織体であり、「する/される」の関係、言い換えると〈あなた〉と〈わたし〉の関係になります。

一方、監修者の私は、これからの社会では、誰もが様々な関係者と〈わたしたち〉としてウェルビーイングに取りくむべきだと提唱する出版物も発表しています。そう考えると、企業とは、〈あなた〉と〈わたし〉の関係に基づいたサービスの提供者であると同時に、〈わたしたち〉として社会を持続・変革していく先導者でもあるのです。

ウェルビーイングの概念が今後ますます社会に浸透する一方で、資本主義の社会、企業という組織体は存在しつづけます。つまり、企業にとっては、人々や社会にとっての持続的な価値（ウェルビーイング）を、経済活動を通じてどうやって創出していくのか、そのための考えかたや方法論がいっそう重要になるのです。監修として関わることができた本書が、そのようなテーマに対して考え、実践するきっかけとなれば望外の喜びです。

（2024年8月）

著者について

湯浅晃（ゆあさ・あきら）
2007年株式会社NTTデータグループ入社。R&Dスペシャリストとして、R&D部門にてウェルビーイングとテクノロジーに関する研究開発、大規模言語モデル（LLM）、情報検索などの自然言語処理技術、プロダクト開発、現場PJ支援に従事。情報処理学会編集委員。著書に『BERT入門――プロ集団に学ぶ新世代の自然言語処理 AI/Data Science実務選書』（リックテレコム）がある。

長谷川美夏（はせがわ・みか）
2019年株式会社NTTデータグループ入社。R&Dスペシャリストとして、R&D部門にて自然言語、画像、ビッグデータなどを対象としたAI技術の技術検証に注力。技術により日々を便利で楽しくすることに興味がある。現在は株式会社NTTデータグループのR&D部門にてAI活用のビジネス検討や案件支援、大規模言語モデル（LLM）活用によるウェルビーイングの実現に関する研究開発に従事。

片岡紘平（かたおか・こうへい）
ソーシャルゲームの分析・データドリブンコンサルティング業務に従事後、2021年に株式会社NTTデータグループに入社。データサイエンティストとして、自然言語処理技術を中心としたR&D部門にて研究開発・PoCなどに従事。ウェルビーイングをはじめとして、人にフォーカスしたテクノロジーに興味がある。著書に『BERT入門――プロ集団に学ぶ新世代の自然言語処理 AI/Data Science実務選書』（リックテレコム）がある。

監修者について

渡邊淳司（わたなべ・じゅんじ）
1976年生まれ、博士（情報理工学）。日本電信電話株式会社上席特別研究員。コミュニケーションの視点から、さまざまな人々が協働できるウェルビーイングな社会に向けた方法論を探究している。展示会「WELL-BEING TECHNOLOGY」実行委員長。著書に『情報を生み出す触覚の知性』（化学同人、第69回毎日出版文化賞）、『ウェルビーイングの設計論』（共監修・共同翻訳、ビー・エヌ・エヌ）、『情報環世界』（共著、NTT出版）、『わたしたちのウェルビーイングをつくりあうために』（共監修・編著、ビー・エヌ・エヌ）、『ウェルビーイングのつくりかた』（共著、ビー・エヌ・エヌ）、『わたしたちのウェルビーイングガイド』（監修、NTT出版）などがある。

〈わたし〉のウェルビーイングを支援するITサービスのつくりかた
IT企業の実践とユースケースから

2024年10月25日 初版第1刷発行

著者　湯浅晃・長谷川美夏・片岡紘平（株式会社NTTデータグループ）
監修　渡邊淳司（日本電信電話株式会社）

発行者　東 明彦
発行所　NTT出版株式会社
〒108-0023 東京都港区芝浦3-4-1 グランパークタワー
営業担当　TEL 03-6809-4891　FAX 03-6809-4101
編集担当　TEL 03-6809-3276
https://www.nttpub.co.jp/

本文組版デザイン　加藤敦之（FROGRAPH）
装丁　山之口正和（OKIKATA）
印刷・製本　中央精版印刷株式会社

ISBN 978-4-7571-7052-0 C0055